NOTIONS ÉLÉMENTAIRES de SCIENCES PHYSIQUES ET NATURELLES

A l'usage des
TROIS COURS
des
Écoles primaires

Librairie Ch

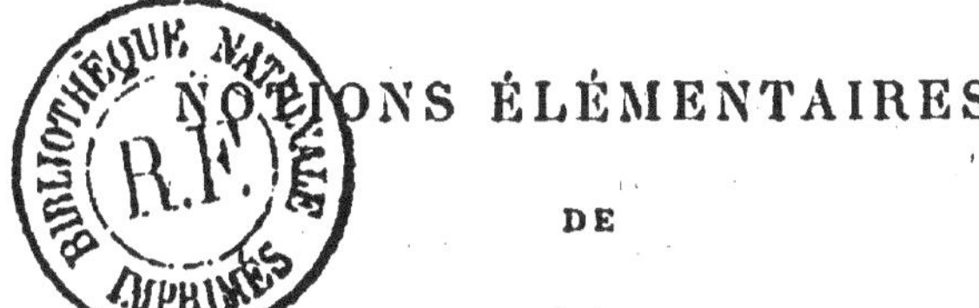

NOTIONS ÉLÉMENTAIRES

DE

SCIENCES PHYSIQUES

ET NATURELLES

COULOMMIERS
Imprimerie PAUL BRODARD.

NOTIONS ÉLÉMENTAI

DE

SCIENCES PHYSIQUES

ET NATURELLES

A L'USAGE

des Élèves des trois cours des Écoles Primaires
(garçons et filles)

PAR

A. MINET
Inspecteur primaire à Lille.

&

A. TROLIN
Instituteur.

PARIS
LIBRAIRIE CH. DELAGRAVE
15, RUE SOUFFLOT, 15

NOTIONS ÉLÉMENTAIRES

DE

SCIENCES PHYSIQUES ET NATURELLES

OCTOBRE

PROGRAMME. — Les trois états des corps. — Notions sur l'air. — Sa composition. — Propriétés de l'oxygène, de l'azote, de l'acide carbonique. — Pression atmosphérique. — Baromètre. — Pompe, siphon, pipette, ventouse. — Les ballons.

PREMIÈRE LEÇON

Les trois états des corps.

Tous les corps qui sont sur la terre (animaux, plantes, pierres, vapeur, etc.) sont **matériels**, c'est-à-dire qu'on peut les voir, les toucher, les sentir, les peser.

La matière se présente sous trois états : l'état solide, l'état liquide ou l'état gazeux. Les corps sont donc solides, liquides ou gazeux.

Un corps **solide** a une forme déterminée, c'est-à-dire qui ne peut changer d'elle-même. Une pierre, un morceau de bois, un livre sont des corps solides (fig. 1).

Fig. 1. — Une pierre, corps solide.

Un corps **liquide** prend la forme du vase qui le renferme, tout en conservant le même volume.

L'eau, le vin, la bière, l'alcool sont des corps liquides.

En *a*, *b*, *c* (fig. 2), la même quantité de liquide se présente sous trois formes différentes.

Les corps **gazeux** n'ont pas de forme déterminée; ils tendent toujours à occuper le plus grand espace possible; on ne peut les conserver que dans des vases bien clos.

La plupart des gaz sont incolores et souvent il faut recourir à

Fig. 2.

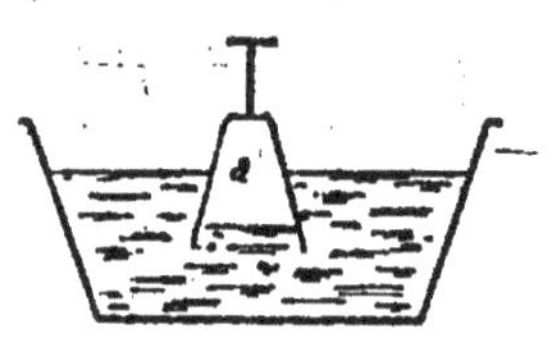

Fig. 3.

une expérience pour constater leur présence. Par exemple, pour constater la présence de l'air, on plonge un verre vide, l'ouverture en bas, dans un vase rempli d'eau; l'eau n'entre que faiblement dans le verre (fig. 3) et cela parce qu'elle ne peut prendre la place de l'air. Si l'on incline le verre suffisamment, l'air s'échappe par bulles et l'eau monte graduellement.

Un grand nombre de corps peuvent passer successivement par les trois états. L'eau, par exemple, peut se solidifier ou se vaporiser. La vapeur peut se liquéfier. La chaleur, le froid, l'eau, la pression peuvent changer l'état des corps.

RÉSUMÉ

La matière se présente sous trois états : l'état solide, liquide ou gazeux.

Un corps **solide** *a une forme et un volume déterminés.*

Un corps **liquide** *prend la forme du vase qui le renferme et conserve le même volume.*

Un corps **gazeux** *n'a pas de forme déterminée; il tend toujours à occuper le plus grand espace possible.*

On change l'état des corps au moyen de la chaleur, du froid, de l'eau, de la pression, etc.

DEUXIÈME LEÇON

Notions sur l'air. Sa composition.

I. L'air est **pesant**; on a cru longtemps le contraire. Un litre d'air pèse 1 gr. 3.

L'air est **inodore**. Vu sous une grande épaisseur, il est légèrement **bleu**.

II. **Composition.** — Un savant français, Lavoisier, a trouvé que l'air est un mélange de deux gaz : oxygène et azote. Voici comment il a procédé :

A est un vase contenant du mercure jusqu'en *ab* (fig. 4);
B est un réservoir également rempli de mercure jusqu'en *cd*;
C est une cloche contenant de l'air;
A et C communiquent par le tube D;
E est le foyer de chaleur.

Lavoisier chauffa le mercure du ballon A pendant douze jours sans discontinuer. Le troisième jour, il vit apparaître à la surface

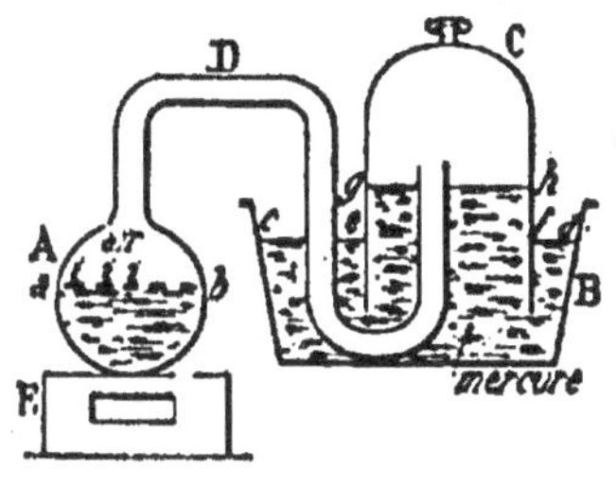

Fig. 4.

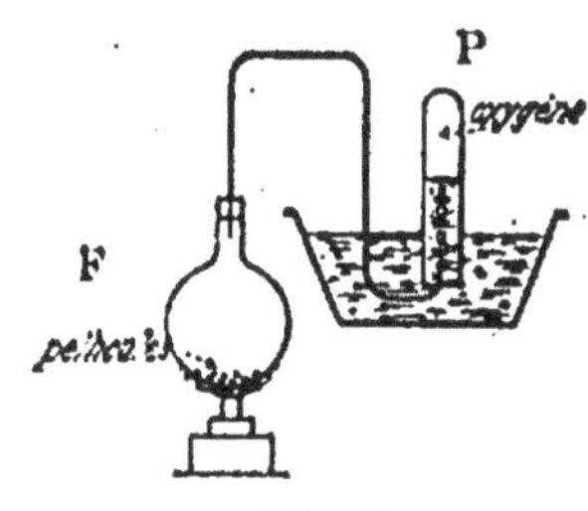

Fig. 5.

ab du mercure de petites plaques rouges, *i*, *i*, qui allèrent en grossissant jusqu'à la fin du quatrième jour. A partir de ce moment, elles n'augmentèrent plus, bien que l'expérience se fût continuée. A la fin du douzième jour, il laissa éteindre le feu et, après refroidissement, il constata que le niveau *ef* du mercure dans le vase B s'était élevé jusqu'en *gh*. Quelque chose avait donc disparu de la cloche C. Il recueillit avec soin les plaques rouges du ballon A et les chauffa fortement dans un petit ballon F (fig. 5). Bientôt les pellicules rouges se décomposèrent. Il s'en échappa un gaz qu'il recueillit dans l'éprouvette P, en même temps les parois du ballon

F se couvrirent de mercure. Une allumette presque éteinte se rallumait immédiatement quand il la plongeait dans le gaz de l'éprouvette; le soufre, le charbon de bois, le fer même y brûlaient avec un vif éclat : il appela ce gaz **oxygène**.

Lavoisier étudia ensuite ce qui restait dans la cloche C (fig. 4). Une allumette enflammée s'y éteignait comme si on l'eût plongée dans l'eau; un animal y mourait rapidement; il nomma cet autre gaz : **Azote**. — Plus tard, d'autres savants trouvèrent que sur 100 parties, l'air contient 21 parties d'oxygène et 79 d'azote.

RÉSUMÉ

***L'air** est pesant; il pèse 1 gr. 3 par litre; il est bleu quand on le voit sous une grande épaisseur; il n'a pas d'odeur.*

Lavoisier, savant français, a trouvé que l'air est formé d'azote (79 parties) et d'oxygène (21 parties).

TROISIÈME LEÇON

Oxygène.

I. L'oxygène existe en quantité considérable dans l'air et dans l'eau. Un grand nombre de roches, telles que les marbres, les pierres à bâtir, en renferment près de la moitié de leur poids; la chair des animaux, le bois des végétaux, les fruits en contiennent aussi.

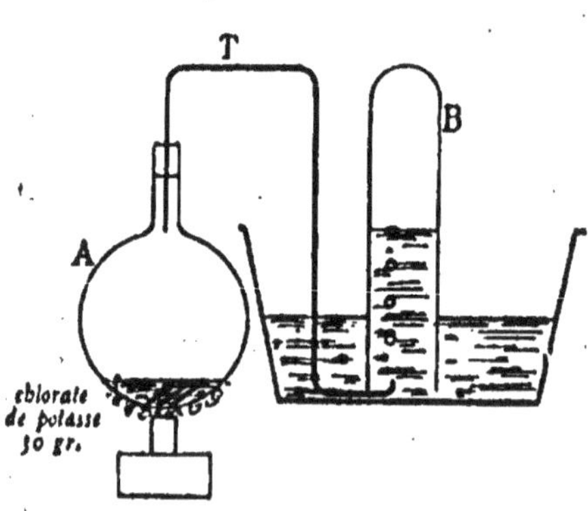

Fig. 6.

On l'obtient aisément en chauffant du chlorate de potasse (30 grammes) avec 18 grammes de bioxyde de manganèse dans l'appareil ci-contre (fig. 6).

II. Propriétés. — L'oxygène est un gaz incolore, inodore, **comburant**. On appelle corps comburant tout corps entretenant la combustion. On constate cette propriété de l'oxygène par de nombreuses et très jolies expériences.

1° On plonge dans l'oxygène une allumette présentant quelques points rouges; on la voit aussitôt s'enflammer et brûler très activement (fig. 7).

2° On introduit un morceau de charbon de bois allumé dans un flacon rempli d'oxygène : il brûle avec beaucoup d'éclat.

3° On met un peu de soufre en fleur dans le couvercle d'une boîte à pommade par exemple, disposée comme l'indique la figure 8. On l'arrose de quelques gouttes d'alcool et on l'enflamme. Plongé dans l'oxygène, le soufre brûle avec une belle flamme bleue très brillante.

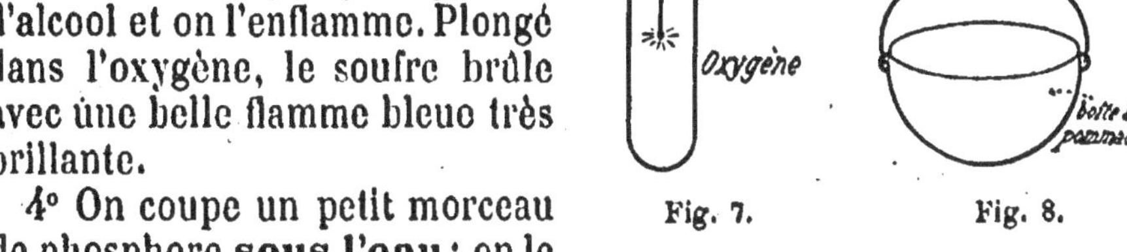

Fig. 7. Fig. 8.

4° On coupe un petit morceau de phosphore **sous l'eau**; on le saisit avec des pinces; on l'essuie dans plusieurs doubles de papier buvard; on le met au fond d'une boîte comme celle de la figure 8 et on l'enflamme. Placé dans un flacon d'oxygène, le phosphore y brûle en produisant une lumière éblouissante.

5° Le fer, le magnésium y brûlent aussi en lançant une gerbe d'étincelles brillantes.

III. Usages. — L'oxygène est indispensable à la vie des animaux et des plantes; dans l'industrie, on l'emploie pour griller un grand nombre de minerais. La médecine l'utilise pour combattre les empoisonnements occasionnés par le gaz qui se dégage des fosses d'aisances, par l'air impur des égouts, par l'oxyde de carbone, etc.

RÉSUMÉ

L'oxygène est un gaz incolore, inodore, comburant.

C'est grâce à lui que nous respirons et que nous vivons ainsi que les animaux. On l'utilise dans l'industrie pour griller les minerais et en médecine pour combattre les empoisonnements produits par certains gaz irrespirables, comme l'acide carbonique, le gaz des fosses d'aisances, etc.

QUATRIÈME LEÇON

Azote et acide carbonique.

Azote. — L'azote libre se rencontre dans l'air; il se dégage aussi d'un certain nombre de sources thermales et de puits à pétrole. Il fait partie d'un grand nombre de substances végétales et animales. Il est nécessaire par conséquent qu'il entre dans la nourriture des animaux et des végétaux.

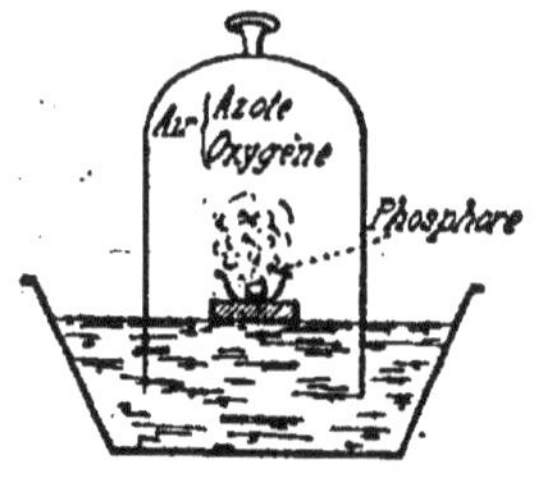

Fig. 9.

PRÉPARATION. — On le prépare en faisant brûler du phosphore dans l'air, comme l'indique la figure 9 : le phosphore s'empare de l'oxygène et il reste l'azote.

PROPRIÉTÉS. — L'azote est un gaz incolore, inodore, incombustible. Une bougie allumée s'éteint si on la plonge dans un vase contenant de l'azote.

USAGES. — L'azote libre n'est pas utilisé dans l'industrie; il sert de nourriture aux plantes; aussi un engrais a d'autant plus de valeur qu'il en contient davantage. Les principaux engrais qui en renferment sont l'azotate de soude ou nitrate, le sulfate d'ammoniaque, le sang desséché, le tourteau, etc.

Acide carbonique. — L'acide carbonique est un gaz très important. Il s'en dégage de grandes quantités des volcans, de certaines grottes naturelles, du fond des mines, des carrières, des puits, etc.

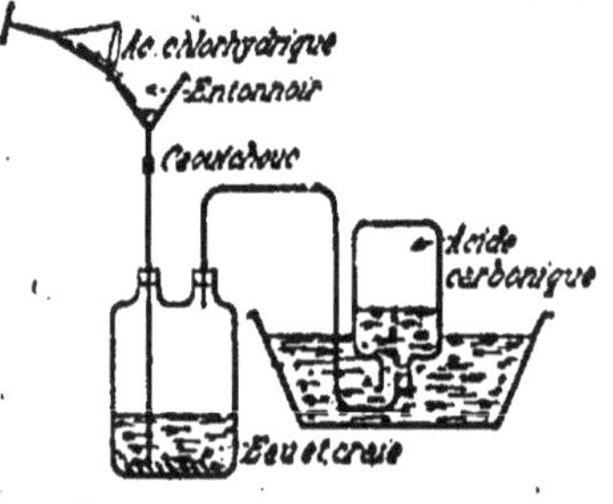

Fig. 10.

La grotte du Chien, près de Naples (Italie), en renferme une couche de 50 centimètres. Un chien ou un animal de petite taille y est asphyxié. Il existe des cavités semblables en France, dans l'Hérault, l'Ardèche et le Puy-de-Dôme.

L'acide carbonique existe dans le sang, l'urine, les os; il contribue à former un certain nombre de roches (craie, marbre, etc.).

PRÉPARATION. — On le prépare en traitant la craie par l'acide chlorhydrique, ainsi que l'indique la figure 10 ci-dessus.

Propriétés. — L'acide carbonique est un gaz incolore, à odeur piquante, à saveur aigrelette; il est soluble dans l'eau; il est très lourd; il éteint les corps en combustion. Il fait partie des produits de la respiration des animaux.

Usages. — L'acide carbonique sert à la fabrication de l'eau de Seltz artificielle; on l'emploie dans les fabriques de sucre pour la « carbonatation » du jus de la betterave; on provoque sa formation dans le vin de Champagne; on le trouve dans les eaux minérales et thermales. Les eaux de Spa, de Vichy, de Royat, du Mont-Dore, de Saint-Nazaire lui doivent leurs propriétés. — Il sert à la nourriture des plantes qui se l'assimilent par leurs parties vertes.

RÉSUMÉ

*L'**azote** est un gaz incolore, inodore, incombustible. Il sert à la nourriture des plantes et des animaux. Les principaux engrais contenant de l'azote sont le nitrate de soude, le sulfate d'ammoniaque, le sang desséché, le tourteau, etc.*

*L'**acide carbonique** est un gaz incolore, à odeur piquante, à saveur aigrelette.*

Il sert à la fabrication de l'eau de Seltz, à la purification du jus de la betterave, on le retrouve dans le vin de Champagne; il est nécessaire à la nourriture des plantes.

CINQUIÈME LEÇON

Pression atmosphérique.

L'air atmosphérique est pesant, nous l'avons vu dans une précédente leçon; son poids peut être évalué à 1 kg. 033 par centimètre carré, soit 10 330 kilogrammes par mètre carré.

Cette pression de l'air est facilement mise en évidence par de nombreuses expériences toutes faciles à réaliser.

1re Expérience. — On remplit d'eau un tube fermé par un bout; on bouche la partie ouverte avec le doigt et on la plonge dans un verre d'eau; le doigt étant enlevé, le tube reste rempli d'eau à cause de la pression atmosphérique (fig. 11).

2e Expérience. — On place un sou à la base du front; on le presse fortement en le glissant vers le milieu du front. Il y reste appliqué par l'effet de la pression de l'air.

3e Expérience. — On aspire l'air contenu dans un tube de métal. Ce tube reste attaché à la langue à cause de la pression de l'air extérieur.

4e Expérience. — On prend une rondelle de cuir souple, percée d'un trou en son milieu par où passe une ficelle. On enduit le morceau de cuir d'un peu de suif et on le glisse, en appuyant sur un pavé ou une planche. On a de la peine à le détacher à cause de la pression atmosphérique (fig. 12).

5e Expérience. — Dans une assiette ou une soucoupe, on verse une couche d'eau de 2 à 3 centimètres. On

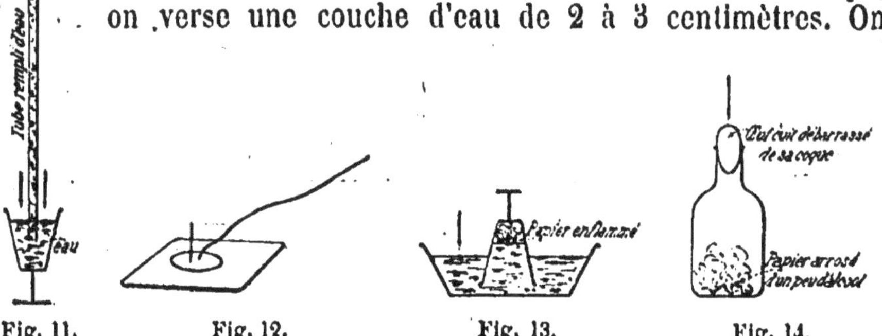

Fig. 11. Fig. 12. Fig. 13. Fig. 14.

place sur l'eau un morceau de papier chiffonné que l'on enflamme. Pendant que le papier brûle, on le recouvre d'un verre (fig. 13). La flamme s'éteint et l'eau monte dans le verre, poussée par l'air extérieur.

6e Expérience. — On fait brûler dans une carafe du papier mouillé de quelques gouttes d'alcool ou de pétrole; avant que la flamme soit éteinte, on place sur le goulot de la carafe, comme on le ferait d'un bouchon, un œuf cuit dur dépouillé de sa coque; par suite de la pression atmosphérique, cet œuf s'enfonce seul et tombe dans la carafe en s'émiettant le plus souvent (fig. 14).

Fig. 15.

7e Expérience. — On remplit un verre d'eau; on applique sur l'ouverture une feuille de papier et on renverse le verre rapidement en tenant la feuille de papier appliquée avec la main. On enlève la main, la feuille reste attachée au verre : nouvelle preuve de la pression de l'air extérieur (fig. 15).

RÉSUMÉ

La pression de l'air peut être évaluée à 1 kg. 033 par centimètre carré, soit 10 330 kilogrammes par mètre carré.

On peut, par de nombreuses expériences, démontrer la pression de l'air atmosphérique.

SIXIÈME LEÇON

Baromètre.

DÉFINITION. — Les **baromètres** sont des instruments dont on se sert pour mesurer la pression atmosphérique.

On en construit de deux sortes :

1° Des baromètres à cuvette;

2° Des baromètres à siphon.

Le baromètre à cuvette (fig. 16) a l'inconvénient de ne pas être facilement transportable.

Le baromètre à siphon se compose d'un tube recourbé à bran-

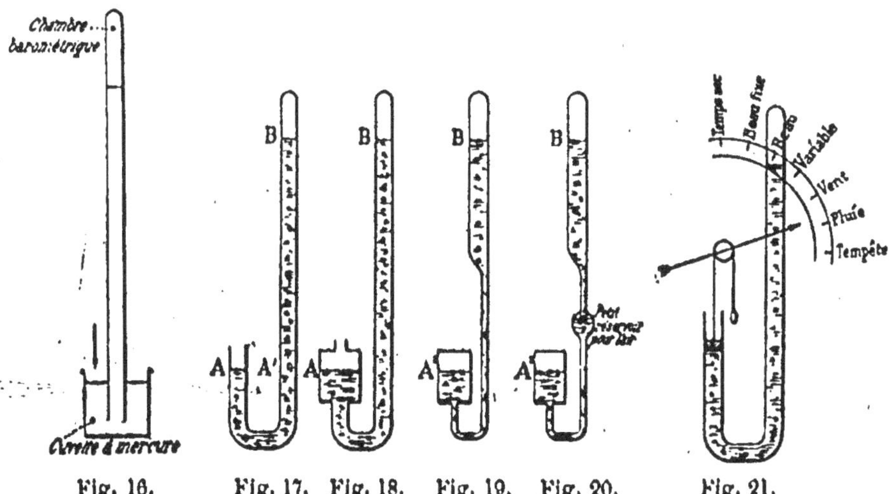

Fig. 16. Fig. 17. Fig. 18. Fig. 19. Fig. 20. Fig. 21.

ches inégales. La hauteur barométrique est égale à la différence entre les deux niveaux A et B, soit A'B (fig. 17). Pour pouvoir être transporté et pour empêcher l'arrivée de l'air dans le haut du baromètre, on lui a fait subir les transformations indiquées par les figures 18, 19 et 20.

Le baromètre à cadran (fig. 21) n'est rien autre chose que le baromètre à siphon ordinaire avec un dispositif qui permet de se renseigner facilement sur les variations probables du temps.

Usages. — Le baromètre ne sert pas seulement à mesurer la pression atmosphérique; on le consulte aussi pour avoir une indication sur le temps qu'il fera. La tempête, la pluie, le vent sont probables quand le baromètre baisse; il fera beau temps si le mercure monte dans la grande branche.

RÉSUMÉ

*Le **baromètre** sert à mesurer la presssion de l'air.*

On en construit de deux sortes :

1° Les baromètres à cuvette;

2° Les baromètres à siphon.

On consulte aussi le baromètre pour connaître les variations de temps : quand il baisse, on peut craindre le vent ou la pluie; dans le cas inverse, le beau temps est probable.

SEPTIÈME LEÇON

Pompe, siphon, pipette, ventouse.

La pompe, le siphon, la pipette, la ventouse se rattachent, en principe, à la pression atmosphérique.

I. **Pompe.** — Une pompe (fig. 22) est un instrument destiné à puiser de l'eau dans un puits ou à l'élever dans un réservoir. Elle se compose d'un corps de pompe A dans lequel se meut un piston P, que l'on élève et que l'on abaisse à volonté à l'aide du levier L; le piston porte une soupape S s'ouvrant de bas en haut; *s* est une autre soupape s'ouvrant aussi de bas en haut; T est un tube plongeant dans la nappe d'eau N; la longueur de ce tube doit toujours être inférieure à 10 m. 33. Il existe des pompes **aspirantes et élévatoires** (fig. 23). Le piston P est plein; l'eau est refoulée par un tube R muni d'une soupape *s'* s'ouvrant du dedans au dehors du corps de pompe.

II. Siphon. — Un siphon est un tube recourbé servant à faire passer un liquide d'un vase dans un autre (fig. 24). On aspire le liquide du vase A par D et on le voit s'écouler en B.

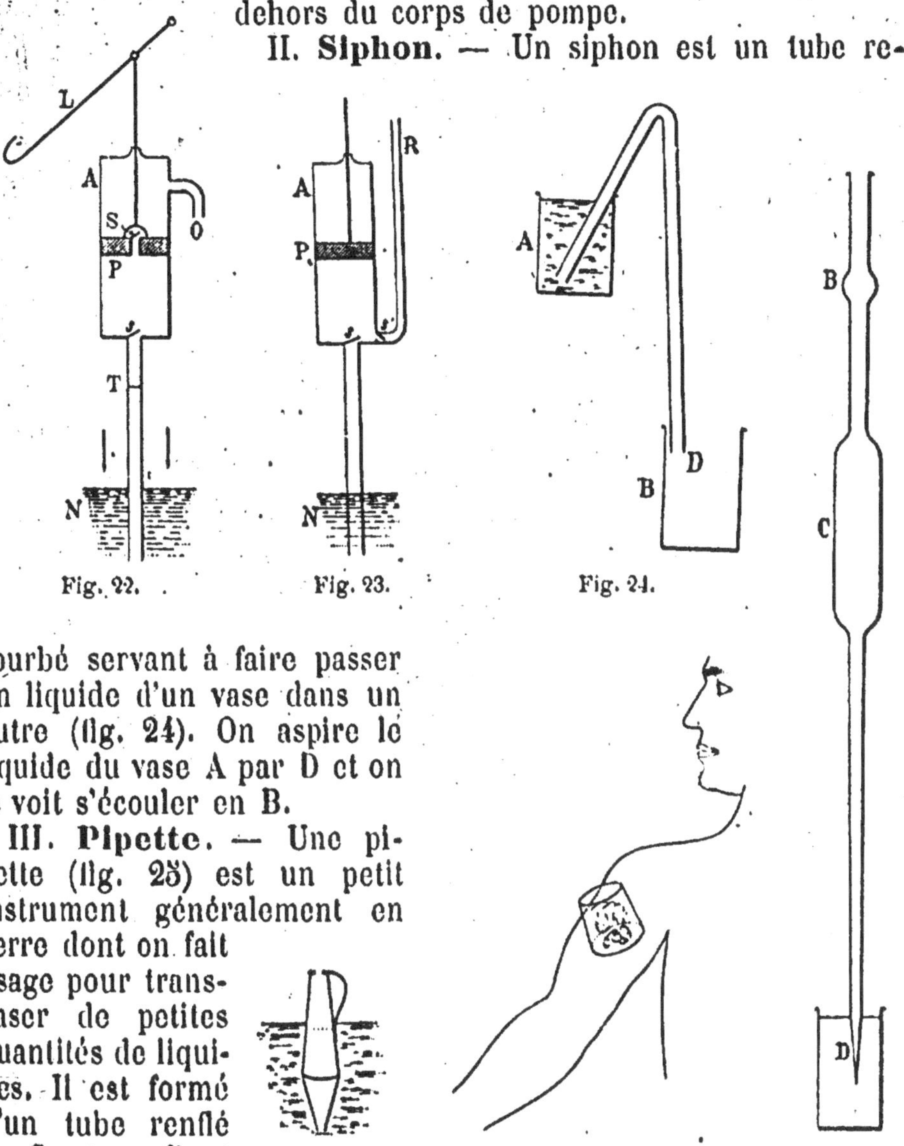

Fig. 22. Fig. 23. Fig. 24. Fig. 25. Fig. 26. Fig. 27.

III. Pipette. — Une pipette (fig. 25) est un petit instrument généralement en verre dont on fait usage pour transvaser de petites quantités de liquides. Il est formé d'un tube renflé en C et en B et effilé en D.

Le tâte-vin qu'on emploie pour puiser un liquide au milieu d'un tonneau par l'orifice étroit de la bonde, n'est autre chose qu'une pipette en fer-blanc (fig. 26).

IV. Ventouse. — Une ventouse est un vase qu'on applique

sur la peau pour y produire une congestion en raréfiant l'air (fig. 27).

RÉSUMÉ

La **pompe**, *le* **siphon**, *la* **pipette**, *la* **ventouse** *sont, en principe, des applications de la pression atmosphérique.*

Une **pompe** *est un instrument destiné à élever l'eau ou à la refouler.*

Le **siphon** *est employé au transvasement des liquides.*

La **pipette** *est un instrument de verre dont on se sert pour puiser de faibles quantités de liquides.*

Les **ventouses** *sont des vases qu'on applique sur la peau pour y produire une congestion.*

HUITIÈME LEÇON

Les ballons.

Un **ballon** (fig. 28) est un grand sac en papier ou en étoffe mince que l'on remplit d'un gaz plus léger que l'air (hydrogène ou gaz d'éclairage, par exemple).

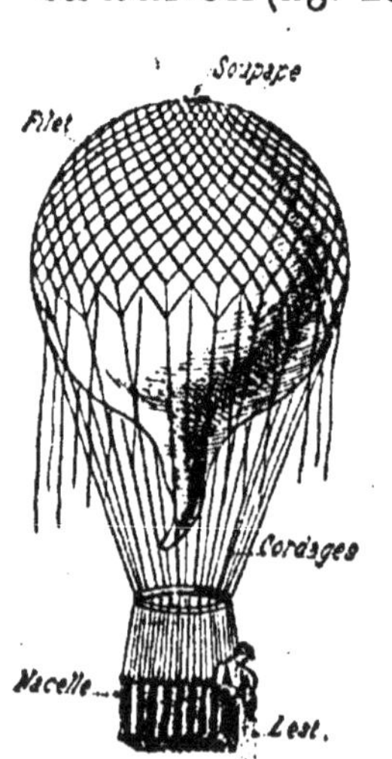

Fig. 28. — Ballon.

Les premiers ballons ont été construits par les frères Montgolfier, fabricants de papier à Annonay. Ils les gonflaient avec de l'air chaud; l'air chaud étant plus léger que l'air froid, le ballon s'élevait avec une vitesse considérable dès qu'il était abandonné à lui-même. On a donné à ces premiers ballons le nom de **montgolfières**.

Aujourd'hui, on construit des aérostats en taffetas vernis. Le tout est enveloppé d'un filet, dont les cordes prolongées soutiennent la nacelle.

On gonfle le ballon par la partie inférieure avec du gaz d'éclairage. On arrête l'arrivée du gaz quand le ballon est plein aux deux tiers environ. Une soupape, placée au sommet, permet à l'aéronaute de laisser échapper le gaz du ballon. Il ouvre la soupape au moyen d'une ficelle qui pend à la portée de sa main. L'aéronaute emporte avec lui, dans la nacelle, du sable dans des sacs, c'est le **lest**; et divers instruments parmi lesquels un baromètre. Quand il plane dans les airs, l'aéronaute s'élève en jetant du lest; s'il veut descendre, il ouvre la soupape : le gaz s'échappe et le ballon se rapproche de la terre.

Usages. — C'est grâce aux ballons que l'on a pu étudier les couches supérieures de l'air. Aujourd'hui, chaque corps d'armée possède un ballon captif qui permet de surveiller les mouvements de l'ennemi. C'est en ballon que Gambetta s'échappa de Paris, assiégé par les Prussiens, en 1870, pour aller organiser la défense en province. Il y a quelques années, un savant hardi, le docteur suédois Andrée, essaya de pénétrer le mystère du pôle. Un ballon devait l'y transporter. On est sans nouvelles du hardi explorateur.

RÉSUMÉ

L'invention des **ballons** *est due aux frères Montgolfier. Aujourd'hui les ballons sont faits en taffetas verni.*

Le tout est protégé par un filet auquel est attachée la nacelle. L'aéronaute s'élève en jetant du lest; il se rapproche de la terre en ouvrant la soupape.

On surveille les mouvements des ennemis en ballon captif; c'est aussi en ballon qu'on s'échappe d'une ville assiégée.

NOVEMBRE

PROGRAMME. — Origine et formation du sol arable. — Étude spéciale du sous-sol de la commune.
Principaux éléments du sol : sable, argile, calcaire, humus.
Eau. — Équilibre des liquides, surface horizontale. — Applications : jets d'eau, puits artésiens, capillarité.
Fonte, fer, acier, plomb, étain, fer-blanc, zinc, fer galvanisé, cuivre, laiton, or, argent, platine, aluminium, mercure : propriétés et usages.

PREMIÈRE LEÇON

I. **Origine et formation du sol arable.** — La surface des continents est presque partout recouverte d'une couche de terre arable sur laquelle poussent les végétaux.

L'épaisseur de cette couche est variable; en certains endroits, elle n'est que de quelques centimètres; ailleurs, elle peut atteindre plusieurs mètres.

Si l'on enlève la terre végétale, on trouve le sous-sol dont la couleur, la dureté, l'aspect changent souvent d'un point à un autre. Ce sous-sol est formé de substances que l'on nomme **roches**. — Il y a plusieurs sortes de roches; dans certaines régions, elles sont généralement sans éclat, peu dures et disposées par couches superposées (fig. 20). Elles sont formées de sable, ou de calcaire, ou d'argile, ou du mélange de ces trois corps.

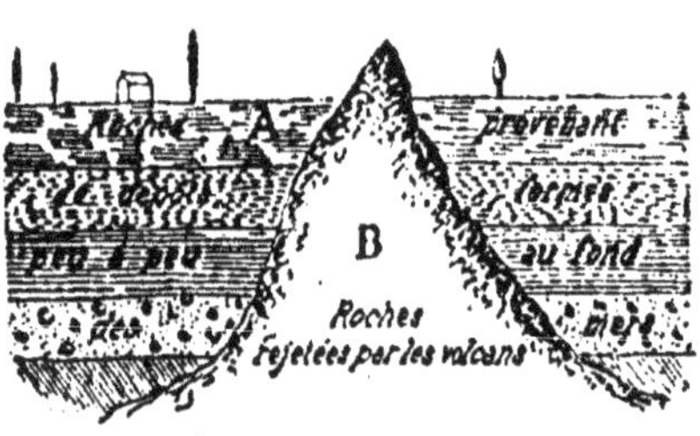

Fig. 20.

Dans les pays de montagnes, on rencontre d'autres roches qui ne sont pas disposées par couches; elles sont souvent dures et brillantes. Elles ont été vomies par les volcans.

C'est le mélange de ces diverses roches, usées, divisées par l'eau surtout qui a formé la couche de terre arable.

II. Rôle de l'eau dans la formation de la terre arable. — Les eaux de pluie, des torrents et des cours d'eau enlèvent constamment des parcelles aux roches même les plus dures. Ces parcelles, entraînées par les eaux, mélangées, tenues en suspension finissent par se déposer au fond des cours d'eau ou à la surface du sol. Elles contribuent ainsi peu à peu à augmenter l'épaisseur de la couche arable ou terre végétale.

III. Rôle de la gelée. — Sous l'action du froid, l'eau que renferment les roches se change en glace et, comme celle-ci augmente de volume avec une force pour ainsi dire illimitée, les roches ne pouvant plus résister, éclatent, s'émiettent et leurs débris se mélangent à ceux formés par les eaux.

RÉSUMÉ

La terre **arable** *est la partie de la couche terrestre sur laquelle poussent les végétaux.*

Les **roches** *sont les substances diverses qui forment le sous-sol; les unes se sont déposées au fond des lacs ou au fond de la mer où elles étaient en suspension, les autres ont été vomies par les volcans.*

Les eaux de pluie, des torrents et des cours d'eau enlèvent à chaque instant des parties à ces diverses roches; elles les entraînent et les mélangent. Elles finissent par les déposer à la surface du sol ou au fond de leur lit et contribuent ainsi à augmenter l'épaisseur du sol arable, qui atteint quelques centimètres seulement en certains endroits et 2 mètres parfois dans d'autres.

DEUXIÈME LEÇON

Étude spéciale du sous-sol de la commune. — A cet effet, on consultera avec profit la tranchée d'un chemin de fer, une carrière à ciel ouvert, une sablière ou même simplement les travaux préparatoires à la formation d'un four à briques.

TROISIÈME LEÇON

Principaux éléments du sol : sable, argile, calcaire, humus.

Les éléments qui dominent dans le sol arable sont le sable, l'argile, le calcaire et l'humus.

I. **Sable.** — On trouve dans la pierre à chaux, dans la craie, des blocs de pierre de couleur plus ou moins foncée : on appelle ces pierres des **silex** ou encore **pierres à fusil.** Les silex sont formés d'une substance qu'on nomme **silice.** Le sable n'est rien autre chose que des grains de silice.

Usages. — Le sable entre dans la composition de la terre végétale; il sert à fabriquer le verre. Mélangé à la chaux, il constitue le mortier. Les paveurs l'emploient pour consolider les grès des routes, etc.

II. **Argile.** — L'argile est une roche tendre, douce au toucher, à contact savonneux; elle est blanche quand elle est pure, mais le plus souvent elle est colorée par des substances étrangères : on la nomme alors **terre glaise.** Elle colle à la langue quand elle est cuite au four. En pétrissant un morceau d'argile avec de l'eau, on forme une pâte très douce, imperméable. Si on en fait un petit godet (fig. 30), l'eau qu'on y verse ne filtre pas à travers les parois.

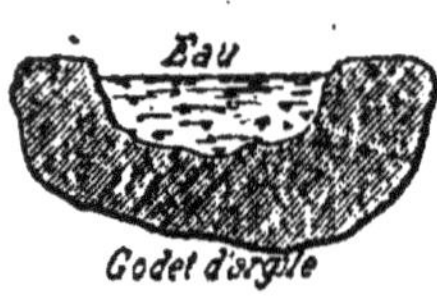

Fig. 30.

Usages. — L'argile, comme le sable, fait partie de la terre arable. L'argile pure ou kaolin est employée à faire de la porcelaine; on en trouve des gisements près de Limoges. Les briques, les tuiles, les carreaux, les poteries rouges et grossières sont préparés avec une argile commune, la terre glaise. Naturellement jaune, elle devient rouge par la cuisson.

Fig. 31.

III. **Calcaire.** — Si l'on jette un morceau de craie dans du vinaigre (fig. 31), on voit une quantité de petites bulles qui se forment à la surface de la craie : il se produit une **effervescence.** C'est à cette propriété que l'on reconnaît les calcaires. Lorsqu'on chauffe fortement un calcaire, il se transforme en chaux vive. Au contact de l'eau, la chaux vive s'échauffe puis tombe en poussière : c'est la chaux éteinte.

Usages. — La chaux mêlée avec du sable est employée à faire du mortier; on en fait usage aussi en agriculture pour améliorer les terres. Les marbres sont des calcaires susceptibles de recevoir un beau poli.

IV. **Humus.** — Après sa mort, le corps d'un animal est presque toujours dévoré par d'autres animaux, grands ou petits. Les parties les plus résistantes telles que les os persistent seules; mais sous l'action des pluies, du vent, de la chaleur et du froid, ces parties dures elles-mêmes se réduisent en une poussière, qui, mêlée à celle des débris végétaux, constitue l'humus, quatrième élément du sol.

RÉSUMÉ

Les principaux éléments du sol sont le **sable**, *l'***argile**, *le* **calcaire** *et l'***humus**.

Le **sable** *est de la silice en grains. Mélangé avec la chaux, il forme le mortier.*

*L'***argile** *est une roche tendre, douce au toucher, qui forme avec l'eau une pâte liante. On l'emploie à faire de la porcelaine (kaolin); les briques, les carreaux, les tubes, les poteries communes sont préparés avec de la terre glaise.*

Les **calcaires** *se reconnaissent à ce qu'ils font effervescence avec les acides (vinaigre).*

*L'***humus** *est formé du mélange des débris d'animaux et de végétaux.*

QUATRIÈME LEÇON

Eau. — Équilibre des liquides, surface horizontale. — Applications : jets d'eau, puits artésiens. — Capillarité.

L'eau est le corps le plus abondant de la nature. C'est elle qui forme les mers recouvrant les trois quarts de la surface du globe; elle coule dans les fleuves et les rivières; elle emplit les lacs et les étangs; elle forme les glaciers des montagnes, la neige couronnant leurs sommets, et constitue les nuages qui flottent dans l'air.

L'eau jouit d'un certain nombre de propriétés que nous allons passer en revue :

I. — Quand un liquide comme l'eau ne remplit pas entièrement le vase qui le contient, sa surface libre est **horizontale** (fig. 32).

II. — Lorsque plusieurs vases communicants contiennent un même liquide, ce liquide s'élève dans tous les vases à la même hauteur et les surfaces libres sont horizontales (fig. 33).

Ce dernier principe a donné lieu à un grand nombre d'applications dont les principales sont les jets d'eau et les puits artésiens.

Jet d'eau. — Un jet d'eau se compose d'un

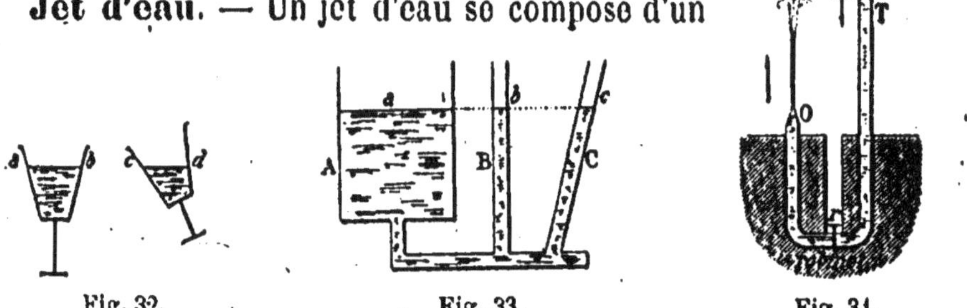

Fig. 32. Fig. 33. Fig. 34.

réservoir A qui recueille l'eau de la pluie; d'un conduit T muni d'un robinet *r* que l'on ouvre à volonté. L'eau s'échappe par O et comme elle tend à s'élever au niveau du réservoir A, elle jaillit

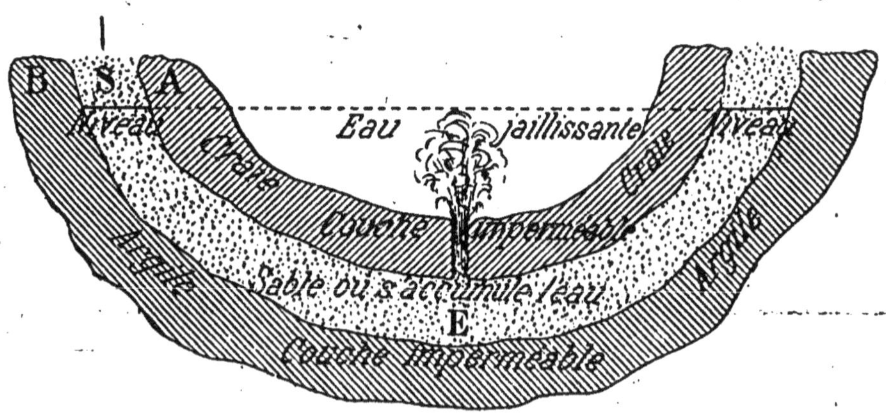

Fig. 35.

avec force et retombe en gouttelettes du plus gracieux effet (fig. 34).

Puits artésien. — Quand l'eau de pluie tombe sur une

couche de sable S emprisonnée entre deux couches imperméables A et B (fig. 35) on la voit disparaître. Elle se répand dans le sable et y forme en E une nappe souterraine à laquelle on arrive en forant un puits à travers la couche A, en un point plus bas que le niveau supérieur S. Ces puits, d'où l'eau jaillit sans interruption, sont connus sous le nom de **puits artésiens.**

Capillarité. — Si l'un des vases communicants est un tube fort étroit, dont le diamètre est comparable à celui d'un cheveu, le niveau du liquide n'est plus le même dans les deux tubes.

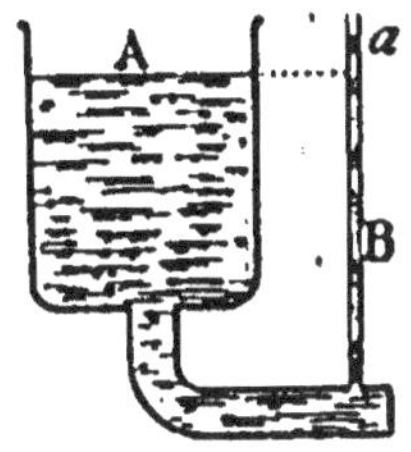

Fig. 36.

Si le liquide **mouille** les parois du vase (eau, alcool), il s'élève plus haut dans le tube capillaire B (fig. 36) que dans l'autre vase A qui est plus large.

Lorsque le liquide ne mouille pas les parois (mercure), l'inverse a lieu; le niveau se tient plus bas dans le tube capillaire.

La capillarité contribue à faire monter la sève dans les canaux très étroits des plantes. C'est par capillarité que le café gagne rapidement toutes les parties d'un morceau de sucre; c'est encore elle qui rend humide, à une assez grande hauteur, un tas de sable mouillé par la base. L'huile, le suif montent dans les mèches des lampes et des bougies par l'effet de la capillarité.

RÉSUMÉ

L'eau et les autres liquides ont un certain nombre de propriétés communes.

1° Quand un liquide ne remplit pas entièrement le vase qui le contient, sa surface libre est **horizontale**;

2° Lorsque plusieurs vases communicants contiennent un même liquide, ce liquide s'élève dans tous les vases à la même hauteur; il y a exception pour les tubes capillaires;

3° La construction des jets d'eau et des puits artésiens repose sur le principe des vases communicants.

CINQUIÈME LEÇON

Fonte, fer, acier, plomb.

Outre les roches, on trouve dans la nature un certain nombre d corps extrêmement utiles auxquels on a donné le nom de **métaux**

La plupart des métaux n'existent qu'à l'état de **minerai**, c'est-à dire qu'ils sont intimement unis à d'autres corps dont il faut le séparer. Les principaux métaux sont le fer, le plomb, le zinc, l'étain le cuivre, l'or, l'argent, le platine, l'aluminium et le mercure.

Fer. — Le fer est un métal gris pesant sept fois plus que l'ea environ. Avant de fondre, il se ramollit petit à petit et peut alor être soudé à lui-même, et recevoir les formes les plus variées. Il se rouille très facilement, surtout à l'air humide. On le préserve de la rouille en le revêtant d'une couche de peinture ou d'ur autre métal (zinc, étain). — On l'extrait de ses minerais en chauffant ces derniers au rouge avec du charbon dans des hauts fourneaux (fig. 37). On est généralement obligé d'ajouter de la chaux pour débarrasser le fer de la **gangue** : c'est le nom que l'or donne aux matières étrangères qui accompagnent le fer. Le fer du minerai fond et s'amasse dans un réservoir *c* (fig. 37). Le produit obtenu par les hauts fourneaux est **la fonte**, qui est un mélange de fer et de charbon.

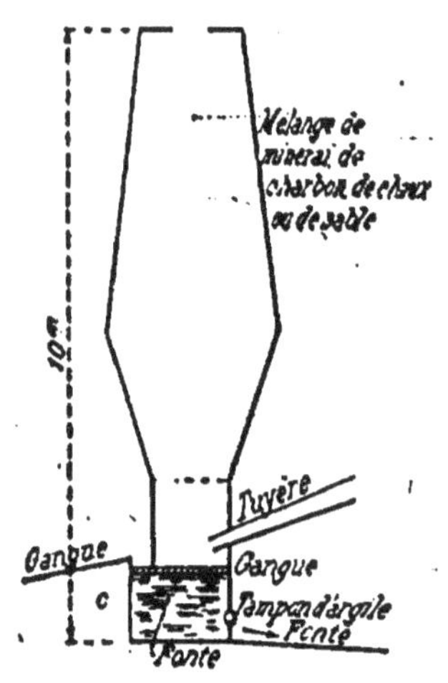

Fig. 37.

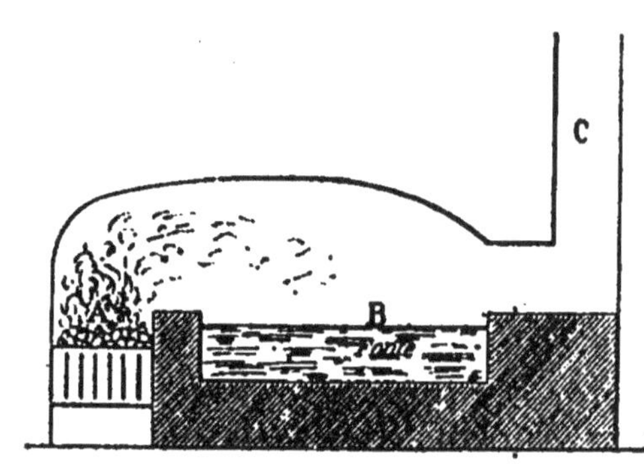

Fig. 38.

Affinage de la fonte. — Pour retirer le fer de la fonte, il faut « l'affiner ». Cette opération se fait dans « des fours à puddler » (fig. 38).

A est le foyer; B, la fonte à affiner; C, la cheminée.

On agite la fonte avec des barres de fer; le charbon qu'elle contient brûle. On la retire ensuite pour la porter sous le marteau-pilon qui lui enlève ses dernières impuretés, et on a du **fer**.

Acier. — L'acier est du fer uni à un peu de charbon. L'acier trempé, c'est-à-dire refroidi brusquement dans l'eau, est plus dur, mais aussi plus cassant.

USAGES DU FER, DE LA FONTE ET DE L'ACIER. — Le **fer** nous est tellement indispensable qu'on ne conçoit même plus la possibilité de l'existence d'un peuple civilisé sans ce métal.

La **fonte** sert à la fabrication des organes principaux des machines à vapeur, des piles qui soutiennent les ponts des chemins de fer ou la toiture des halles; on en fait des foyers et des ustensiles de ménage. La fonte a un grand défaut : elle est cassante. Les couteaux, les rasoirs, les instruments de chirurgie sont en **acier fin.** Les rails des chemins de fer et bon nombre d'outils sont en **acier commun.**

Plomb. — Le plomb est un métal d'un blanc bleuâtre, et relativement mou; il est brillant, mais se ternit vite à l'air. Autant il est difficile de l'étirer en fils de petit diamètre, autant il est facile de l'étendre en plaques.

USAGES. — Sous forme de fils, le plomb sert aux jardiniers et aux chirurgiens. Les chaudières, les cornues, les tuyaux de plomb servent dans plusieurs industries chimiques. Autrefois on utilisait assez fréquemment les feuilles de plomb pour couvrir les édifices; on les emploie quelquefois encore pour les chêneaux des toitures. On fait du plomb de chasse de toutes grosseurs.

Tous les composés du plomb sont des poisons.

RÉSUMÉ

Le **fer** *est un métal gris, fusible, qui, ramolli par le feu, peut recevoir les formes les plus variées. Il se rouille facilement.*

On retire le fer de ses minerais en les chauffant avec du charbon dans des hauts fourneaux. On obtient ainsi de la **fonte**, *qui est du fer allié à du charbon. On « affine » la fonte dans des fours à puddler.*
*L'***acier**, *par la trempe, devient plus dur, mais aussi plus cassant.*

Le fer, la fonte et l'acier servent à de très nombreux usages.

Le **plomb** *est un métal très utile dont on fait des chaudières, des* *tuyaux, des cornues servant dans beaucoup d'industries. On emploie quelquefois les feuilles de plomb pour les chêneaux des toitures; ce métal sert à la fabrication du plomb de chasse.*

Tous ses composés sont vénéneux.

SIXIÈME LEÇON

Zinc, étain, cuivre.

Zinc. — Le zinc est un métal d'un blanc légèrement bleuâtre. On le trouve à l'état de minerai en Angleterre, en Belgique, en France, dans le Lot et le Gard.

Usages. — Réduit en feuilles minces, le zinc a servi pour la couverture des toits du palais de l'Industrie, des Halles Centrales de Paris, des théâtres et des gares de chemin de fer. La charge supportée par les murs est alors quatre fois moins forte que si la couverture était en ardoises, et douze fois moins forte que si elle était en tuiles. Le zinc sert à fabriquer les gouttières, les bassins, les baignoires. Il entre dans la composition du maillechort, lequel contient aussi du cuivre et du nickel; et dans celle du laiton, qui est un alliage de cuivre et de zinc. Le fer plongé dans un bain de zinc se recouvre d'une couche de ce métal : c'est le fer galvanisé.

Étain. — L'étain est un métal d'un blanc d'argent. Quand on le frotte, il dégage une odeur de marée. Il peut être réduit en feuilles minces. Quand on le courbe, on entend un craquement désigné sous le nom de « cri de l'étain ». Il n'est pas vénéneux.

Usages. — L'étain sert à faire des couverts, de la vaisselle, de la poterie. Les casseroles et les autres ustensiles en cuivre sont ordinairement étamés, c'est-à-dire revêtus intérieurement d'une légère couche d'étain.

L'alliage d'étain et de mercure sert à l'étamage des glaces. Les feuilles d'étain servent à envelopper certains produits alimentaires : chocolat, thé, chicorée, saucissons, etc.

Cuivre. — Le cuivre est un métal d'une belle couleur rouge, sonore, pouvant être réduit en feuilles très minces et étiré en fils excessivement fins. Frotté avec les doigts, il leur communique une odeur très désagréable. A l'air humide, il se couvre d'une légère couche verte désignée sous le nom de vert-de-gris. C'est cette couche que l'on remarque à la surface des statues de bronze exposées à l'air; les antiquaires lui donnent le nom de « patine ». Elle forme une espèce d'enduit qui empêche le métal d'être altéré plus profondément. En alliant le cuivre au zinc on obtient le **laiton**.

Usages. — Quantité de vases et d'ustensiles de cuisine sont en cuivre pur; on en fait des chaudières et des alambics; il est la base de la monnaie courante (sous). Réduit en feuilles, il sert à doubler extérieurement la coque des navires qui, sans cette cuirasse, serait rapidement détruite par l'eau de mer et par divers coquillages. Le laiton, le maillechort et le métal anglais sont des alliages de cuivre.

RÉSUMÉ

Le **zinc** *est d'un blanc légèrement bleuâtre; réduit en feuilles, il sert pour la couverture des toits; on en fait des gouttières, des bassins, des baignoires, etc.*

Le **laiton** *est du cuivre allié au zinc. Lorsqu'on plonge le fer dans du zinc fondu, il se recouvre d'une couche de ce métal : c'est le fer galvanisé.*

L'étain *est un métal d'un blanc d'argent. Il peut être réduit en feuilles minces. On en fait des couverts, de la vaisselle, de la poterie. Les casseroles et autres ustensiles de cuivre sont étamés pour la plupart.*

Le **cuivre** *est un métal d'un beau rouge, pouvant être réduit en feuilles minces et étiré en fils très fins. Il se couvre, à l'air humide, d'une légère couche de vert-de-gris (patine). Quantité de vases et d'ustensiles de cuisine sont en cuivre pur; on en fait des chaudières, des alambics; il est la base des monnaies courantes. On préserve la coque des navires par des feuilles de cuivre.*

SEPTIÈME LEÇON

Or, argent, platine.

Or. — L'or est le plus précieux des métaux. On peut faire des feuilles d'or si minces, qu'il faudrait en mettre 12 000 les unes sur les autres pour faire une hauteur de 1 millimètre. A la filière, avec 1 gramme d'or, il est possible de tirer un fil de 3 333 mètres de longueur.

L'or se trouve dans les sables que charrient certaines rivières et certains fleuves. On en trouve aussi des gisements très productifs en Californie, en Australie, au Transvaal.

Usages. — Tout le monde connaît les usages de l'or. On en fait des monnaies, des bijoux. Il sert également pour la dorure, etc.

Argent. — L'argent est d'un blanc éclatant; il peut être réduit en feuilles très minces et tiré en fils très fins.

Il noircit à l'air à cause du gaz des fosses d'aisances qui se trouve toujours en petite quantité dans l'atmosphère.

Usages. — On allie l'argent au cuivre pour la fabrication des monnaies, des bijoux, des fourchettes et cuillères de table, de la vaisselle plate, etc.

Les objets d'or et d'argent doivent tous être contrôlés par l'Administration et porter la marque de ce contrôle.

Platine. — Le platine est un métal d'une couleur comprise entre le blanc et le gris d'acier, d'un bel éclat et très tenace; c'est le plus lourd des métaux connus. On en tire des fils si fins qu'il en faut 200 pour faire la grosseur d'un millimètre. On en extrait à peine 3 000 kilogrammes par an.

Usages. — Les capsules, les creusets, les petits poids en platine sont très employés dans les laboratoires de chimie. Dans la grande industrie chimique, on se sert d'alambics en platine pour concentrer le vitriol.

Il y a un fil de platine dans les lampes à incandescence; la pointe des paratonnerres est terminée par un bout en platine.

RÉSUMÉ

*L'***or** *est le métal qui se prête le mieux à l'action du marteau et de la filière. On en fait des bijoux, des monnaies.*

*L'***argent** *est d'un blanc éclatant; on peut le réduire en feuilles très minces et en fils très fins. Allié au cuivre, il sert à la fabrication des monnaies, des bijoux, des fourchettes, des cuillères, de la vaisselle, etc.*

Le **platine** *est le plus lourd des métaux. Il est employé à faire des* *capsules, des creusets, des petits poids. On en construit des alambics pour concentrer le vitriol.*

La pointe des paratonnerres est en platine.

HUITIÈME LEÇON

Aluminium et mercure.

Aluminium. — L'aluminium est un métal blanc bleuâtre, inaltérable à l'air.

On peut le réduire en lames minces et en fils fins sans être obligé de le recuire. C'est le plus léger de tous les métaux.

Usages. — Avec l'aluminium, on fait des fléaux de balance, des tubes de lunettes, des couverts de table, des dés, des clefs, des bijoux, etc. Le *bronze d'aluminium*, d'une couleur jaune d'or, sert à la fabrication des ornements d'église. Il est question de doter nos soldats de casques, de bidons et de gamelles en aluminium.

Mercure. — Le mercure est liquide à la température ordinaire. Ce métal, d'un blanc d'argent et qui ressemble à du plomb fondu, porte le nom vulgaire de **vif-argent**. C'est un poison très violent.

Usages. — Le mercure est employé en médecine pour combattre les maladies de la peau. On fait entrer le mercure dans la construction d'un grand nombre d'appareils, tels que thermomètres, baromètres, manomètres, etc. On s'en servait autrefois exclusivement pour l'étamage des glaces. — C'est surtout à l'extraction de l'or et de l'argent qu'est employée la plus grande partie du mercure que l'on trouve dans le commerce.

Le mercure provient d'Espagne, du Pérou, du Mexique, de la Chine et du Japon.

RÉSUMÉ

*L'**aluminium** est un métal blanc bleuâtre, inaltérable à l'air et très léger. On en fait des fléaux de balance, des tubes de lorgnettes, des couverts de table, des clefs, des bijoux, etc.*

*Le **mercure** est liquide; c'est un poison violent. On l'emploie en médecine. Il entre dans la construction des thermomètres, des baromètres, des manomètres. On s'en servait autrefois pour l'étamage des glaces.*

DÉCEMBRE

PROGRAMME. — La combustion. — Idée des corps simples : oxygène, azote, carbone, hydrogène, soufre, cuivre, phosphore. — Idée des corps composés : acide carbonique, chaux et craie, eau, potasse, acide phosphorique. — Propriétés et usages des principaux corps simples et des corps composés.

Électricité statique. — Bâton de verre et bâton de résine électrisés. Corps bons ou mauvais conducteurs de l'électricité. — Électrisation par influence. — Électrisation des nuages. — Foudre, paratonnerre. Magnétisme. Aimant naturel et artificiel. — Propriété de l'aiguille aimantée. — Boussole. Aimantation. — Usages des aimants.

Électricité dynamique. — Courant électrique. — Pile. — Décomposition de l'eau. — Effets magnétiques du courant électrique. — Télégraphe.

PREMIÈRE LEÇON

La combustion. — Idée des corps simples : oxygène, azote, carbone, hydrogène, soufre, cuivre, phosphore. — Idée des corps composés : acide carbonique, chaux et craie, eau, potasse, acide phosphorique.

I. **Combustion.** — « La combustion — a dit Lavoisier — n'est autre chose que l'union intime d'un corps avec l'oxygène, lorsque cette union est accompagnée de chaleur et de lumière. »

Du charbon qui brûle dans un foyer, du bois enflammé sont des exemples familiers de combustion.

II. **Corps simples.** — On nomme corps simple, un corps dont on ne peut tirer qu'une seule substance. Quoi que l'on fasse, il est impossible de tirer du fer autre chose que du fer; du cuivre, autre chose que du cuivre; le fer, le cuivre sont des corps simples. — Les principaux corps simples sont l'oxygène, l'azote, le carbone, l'hydrogène, le soufre, le phosphore et tous les métaux.

Il y a environ 75 corps simples actuellement connus.

III. **Corps composés.** — Un corps composé est un corps dont on peut au contraire tirer plus d'une substance.

Le bois, par exemple, est un corps composé. Il est possible, en le chauffant dans une cornue portée au rouge, d'en extraire : du charbon, de l'eau, une variété de vinaigre, de l'alcool de bois, une substance à odeur forte (la créosote), un gaz que l'on peut brûler ; soit en tout six choses différentes.

Il y a une infinité de corps composés. Les plus intéressants pour nous sont la chaux, la craie, l'eau, la potasse, l'acide phosphorique.

Les corps composés sont formés avec les corps simples.

EXEMPLES.

Corps composés.		Corps simples.		Corps simples.
Acide carbonique	=	oxygène	+	carbone
Chaux	=	oxygène	+	calcium
Eau	=	oxygène	+	hydrogène
Potasse	=	oxygène	+	potassium
Acide phosphorique	=	oxygène	+	phosphore.
Etc.				

RÉSUMÉ

La **combustion** *d'un corps est l'union intime de ce corps avec l'oxygène lorsque cette union est accompagnée de chaleur et de lumière.*

Un **corps simple** *est un corps dont on ne peut tirer qu'une seule substance, comme le fer, le cuivre, etc.*

Il y a actuellement 75 corps simples connus.

Un **corps composé** *est un corps dont on peut tirer plusieurs substances comme le bois, la craie, l'eau, etc.*

Il y a une infinité de corps composés.

Les corps composés sont formés avec les corps simples.

DEUXIÈME LEÇON

Propriétés et usages des principaux corps simples et des corps composés.

CORPS SIMPLES.

I. **Oxygène.** — Voir octobre, 3e leçon.

II. **Azote.** — Voir octobre, 4e leçon.

III. **Carbone.** — Le carbone est du charbon pur. Le diamant et le graphite en sont des exemples.

Diamant. — Le diamant est transparent, limpide comme le plus pur cristal et ordinairement incolore. C'est le corps le plus dur que l'on connaisse. Les diamants qui ne peuvent être employés comme pierres précieuses servent à faire des pivots pour les pièces délicates d'horlogerie. Les peintres coupent le verre avec un diamant.

Graphite ou plombagine. — La plombagine sert à la fabrication des crayons; mélangée avec de l'huile, elle forme le cambouis dont on graisse les essieux des voitures. Le plomb de chasse doit son brillant à la plombagine, qui protège aussi de la rouille les poêles en fonte, les tuyaux en tôle et leur donne un certain lustre.

Charbons impurs.

I. **Houille.** — La houille provient de la décomposition lente de débris de végétaux sous l'eau. Elle sert de combustible pour le chauffage des appartements et des chaudières à vapeur; elle alimente les forges et les hauts fourneaux; on en tire le gaz d'éclairage, le coke, du goudron, etc.

II. **Anthracite.** — L'anthracite est une sorte de houille très dure, brûlant difficilement, mais produisant une chaleur intense.

Charbons artificiels.

I. **Charbon de bois.** — Le charbon de bois s'obtient en brûlant incomplètement du bois, disposé en grosse meule. C'est un désinfectant. On l'emploie pour enlever aux eaux toute trace de mauvaise odeur. Un procédé bien simple pour conserver du gibier par exemple, consiste à le recouvrir totalement d'une couche de charbon de bois.

II. **Noir animal.** — Ce charbon s'obtient en chauffant, dans les vases en fonte fermés par un couvercle, du sang, de la chair, de la gélatine, des os, etc. Il possède la propriété de décolorer les liquides. Dans les raffineries et les fabriques de sucre, on décolore le jus sucré avec du noir animal.

III. **Noir de fumée.** — On obtient le noir de fumée en brûlant de la résine ou du goudron de façon qu'ils produisent beaucoup de fumée. — Le noir de fumée sert à préparer l'encre d'imprimerie, l'encre de Chine, les couleurs noires à l'huile, etc.

IV. **Charbon de Paris.** — On nomme charbon de Paris de petits rondins faits d'une pâte de poussier de charbon, de goudron et de tannée. Ce charbon a le grand avantage de brûler avec une extrême lenteur.

Hydrogène. — L'hydrogène est le plus léger des gaz. On l'emploie pour gonfler les ballons et pour fondre des substances très réfractaires. Les matières animales et végétales, les houilles, les pétroles, les cires fossiles, l'eau, etc., contiennent de l'hydrogène.

Soufre. — Le soufre est jaune ; c'est un produit des volcans qui entre dans la composition de la poudre de guerre ; on en consomme beaucoup pour le soufrage des allumettes ; on l'emploie pour faire les mèches soufrées, pour sceller des barres de fer dans la pierre. Le soufre fondu sert au moulage des médailles. On l'emploie dans la préparation d'un grand nombre de médicaments et pour le traitement des maladies de la peau, de la gale, etc.

Cuivre. — Voir novembre, 6e leçon.

Phosphore. — Le phosphore s'extrait des os ; il exhale une faible odeur d'ail. Il doit son nom à sa propriété de luire dans l'obscurité. C'est un des corps les plus dangereux à manier que l'on connaisse. Il est employé à la fabrication des allumettes chimiques. On en fait une pâte destinée à empoisonner les rats.

CORPS COMPOSÉS.

Acide carbonique. — Voir octobre, 4e leçon.

Chaux. — Voir novembre, 3e leçon.

Potasse. — La potasse s'obtient en lessivant les cendres des plantes. On l'emploie dans la fabrication des verres de Bohême des savons mous, de la cristallerie, etc.

Acide phosphorique. — L'acide phosphorique n'est jamais seul; il est le plus souvent uni à la chaux. Il contribue à fertiliser les terres arables et entre dans la nourriture des plantes, principalement dans celle des céréales. Il se loge de préférence dans les graines, que les animaux mangent et rendent ensuite au sol sous forme de déjections, fumiers, ossements, sang desséché, déchets de peaux, etc. C'est à l'acide phosphorique que la Bretagne doit la transformation complète de son agriculture.

RÉSUMÉ

Le **carbone** *est du charbon pur; tels sont le diamant et le graphite. L'***anthracite** *et la* **houille** *sont des charbons impurs. Le charbon de bois, le noir animal, le noir de fumée, le coke, etc., sont dits charbons artificiels.*

*L'***hydrogène** *est le plus léger des gaz; on l'emploie pour gonfler les ballons et fondre des substances très réfractaires.*

Le **soufre** *est un produit des volcans; on l'utilise pour la fabrication de la poudre, le soufrage des allumettes, etc.*

Le **phosphore** *est un corps simple que l'on extrait des os. Il sert aussi à la fabrication des allumettes.*

La **potasse** *se retire des cendres de bois. On l'emploie dans la fabrication des verres de Bohême, dans la confection des savons mous.*

*L'***acide phosphorique** *est d'une grande importance en agriculture; il entre dans la formation des grains.*

TROISIÈME LEÇON

Électricité statique. — Bâton de verre et bâton de résine électrisés. — Corps bons ou mauvais conducteurs de l'électricité.

I. Électricité statique. — On nomme électricité statique, l'électricité qui se développe par le frottement. On chauffe une ande de papier ordinaire devant un bon feu jusqu'au moment où lle commence à roussir (fig. 39) ; on la frotte vigoureusement avec ne brosse à habit après l'avoir éten-ue sur une table bien sèche. Si l'on lace la feuille de papier ainsi frottée u-dessus de petits morceaux de pa-ier, barbes de plumes, répandus sur table, elle les attire : elle est élec-risée.

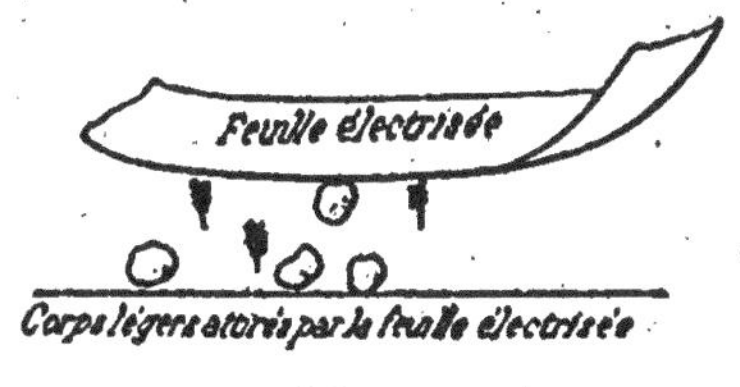

Fig. 39.

La cire à cacheter, le caoutchouc, a résine, le verre, frottés vigoureusement, acquièrent eux aussi la ropriété d'attirer des corps légers.

II. Bâton de verre et bâton de résine. — On peut répéter expérience ci-dessus avec un bâton de verre ou de résine. Tous eux attireront les petits morceaux de papier, les barbes de plumes. Ine expérience très facile à réaliser nous montrera que l'électricité ui se développe sur le bâton de verre n'est pas de même nature ue celle qui se développe sur la résine. Pour cela construisons le etit appareil ci-contre (fig. 40). A est une petite planchette ; B et C, leux bouts de règle cloués en I. On forme en E un petit dépôt de omme laque en feuilles que l'on a fait fondre. D est une petite alle de sureau. On ramollit la gomme laque avec la flamme d'une llumette et on y applique la balle le sureau. En tirant légèrement il e forme un petit fil très fin de omme laque auquel la balle de ureau reste suspendue. En frot-ant vigoureusement la baguette le verre avec un morceau de drap ien sec, on y développe de l'élec-ricité. Si, à ce moment, on met la baguette de verre en contact vec la balle de sureau, celle-ci prend de l'électricité à la baguette, nais, chose curieuse, la balle de sureau s'écarte ensuite brusque-nent de la baguette de verre (fig. 41) et fuit devant elle si on l'en pproche. On conclut de ce fait que :

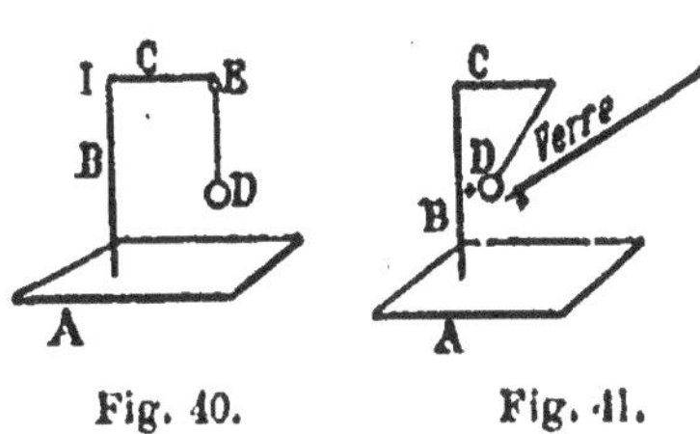

Fig. 40. Fig. 41.

Deux corps chargés de la même électricité se repoussent.

Si au contraire, on approche une baguette de résine, qu'on a rottée vigoureusement, de la balle de sureau préalablement élec-risée avec le verre, on la voit se précipiter sur la résine (fig. 42).

On en conclut que l'électricité formée sur la résine n'est pas d même nature que celle qui a pris naissance sur le verre et que :

Deux corps chargés d'électricité contraire s'at tirent.

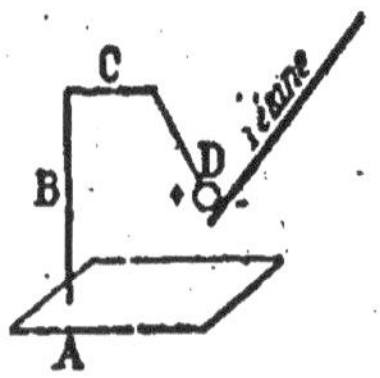

L'électricité qui se forme sur le verre se nomm électricité *vitreuse* ou *positive* et se représent par le signe +. L'électricité obtenue avec l baguette de résine est de l'électricité *résineuse* o *négative* et se représente par le signe —.

Fig. 42.

III. Corps bons ou mauvais conduc teurs de l'électricité. — Au lieu de se servir d'une baguett de verre ou de résine, on peut employer une tige de fer ou d cuivre. Aucune trace d'électricité ne s'y manifeste parce qu'au fu et à mesure qu'elle se forme, elle s'écoule à travers le corps d celui qui opère et se perd dans le sol. Le fer est ce qu'on nomm un corps bon conducteur de l'électricité, c'est-à-dire qu'il s'e laisse facilement pénétrer, traverser. Le verre, au contraire, es mauvais conducteur, car il conserve l'électricité et l'empêche d s'écouler. Tous les métaux, l'eau, l'air humide, sont bons conduc teurs; le verre, la résine, la cire, la soie, etc., sont mauvais con ducteurs.

RÉSUMÉ

On nomme **électricité statique** *l'électricité développée par l frottement.*

*On distingue deux sortes d'électricité : l'***électricité positive***, qu'o représente par le signe +, et l'***électricité négative***, qu'on représent par le signe —.*

Deux corps contenant la même électricité se repoussent; ils s'atti rent s'ils renferment de l'électricité contraire.

Un corps **bon conducteur** *de l'électricité s'en laisse facilemen pénétrer; l'inverse a lieu pour un corps* **mauvais conducteur.**

QUATRIÈME LEÇON

Électrisation par influence. — Électrisation des nuages. Foudre. — Paratonnerre.

I. **Électrisation par influence.** — Tous les corps contiennent de l'électricité composée moitié d'électricité positive +, moitié d'électricité négative —. Ces deux électricités réunies s'annulent pour ainsi dire et forment ce qu'on appelle de l'électricité neutre. En les séparant, on voit aussitôt se produire les phénomènes électriques. Soient donc un corps A électrisé positivement par exemple (fig. 43) et un corps B ne présentant aucune trace d'électricité. Si on approche A de B, les deux électricités dont B est rempli se séparent. L'électricité négative se porte en D et l'électricité positive en C. En touchant C avec le doigt, l'électricité qui s'y trouve s'écoule dans le sol et B se trouve chargé maintenant d'électricité négative. On dit qu'il a été électrisé **par influence.**

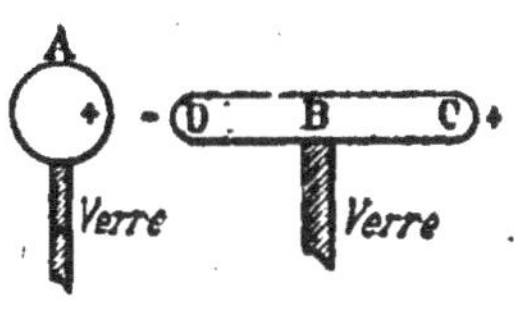

Fig. 43.

II. **Électrisation des nuages.** — L'eau qui se vaporise, la vapeur qui se condense, produisent de l'électricité. La vapeur invisible qui s'élève des mers, des fleuves, etc., est chargée d'électricité; si cette vapeur se condense en un nuage, l'électricité s'y condense également et ce nuage électrisé est capable de produire sur les corps de son voisinage les mêmes effets que le corps A sur B (fig. 43), c'est-à-dire de séparer leurs électricités en repoussant l'électricité de même nom et en attirant l'électricité de nom contraire (fig. 44). B peut perdre son électricité + en frôlant une montagne par exemple et rester chargé d'électricité —. Le vent emportant les nuages électrisés peut les rapprocher suffisamment de la terre ou d'un autre nuage pour que la résistance de l'air soit vaincue par la force électrique; une puissante étincelle jaillit alors brusquement : c'est l'**éclair**; le **tonnerre** n'est autre

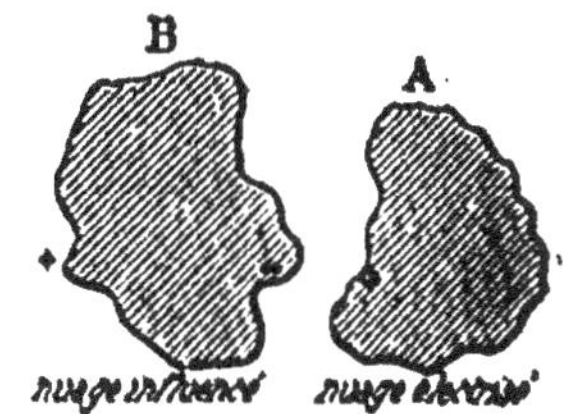

Fig. 44.

chose que le bruit accompagnant l'éclair, la **foudre** est l'ensemble du phénomène.

En temps d'orage il faut, dans les maisons, s'éloigner de tout ce qui est métal et, dans la campagne, éviter de s'abriter sous les arbres.

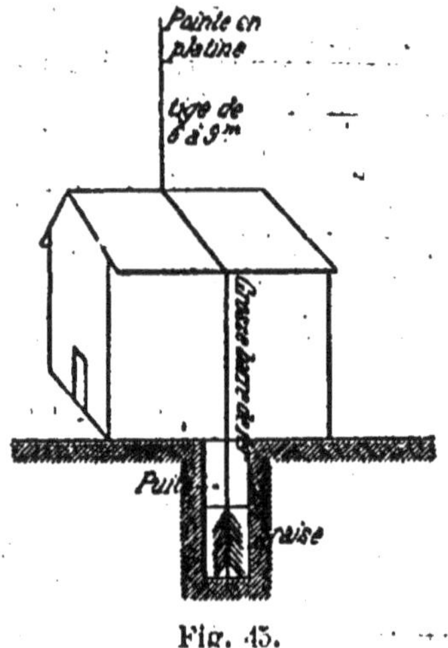

Fig. 45.

III. Paratonnerre. — Les paratonnerres sont destinés à préserver les édifices de la foudre (fig. 45). Leur invention est due à Franklin. Ils sont formés d'une tige de métal de 6 à 9 mètres de hauteur terminée par une pointe en platine. Cette tige est fixée au sommet de l'édifice et communique avec le sol par une forte barre de fer ou par des cordes de cuivre rouge qui s'enfoncent profondément dans le sol ou dans un puits, au fond duquel on a mis de la braise de boulanger; cette braise, bonne conductrice de l'électricité, empêche le métal de se rouiller. Si la foudre tombe sur l'édifice, elle suivra la tige de métal et ira se perdre au fond du puits.

RÉSUMÉ

Un corps électrisé peut séparer par influence les deux électricités d'un corps placé dans son voisinage. C'est de cette façon que des nuages neutres s'électrisent quand ils sont poussés par le vent près d'un autre nuage électrisé.

*L'étincelle qui jaillit entre deux nuages ou entre un nuage et la terre est l'*éclair, *et le bruit qui l'accompagne, le* tonnerre; *le tout c'est la* foudre.

Les **paratonnerres** *préservent les édifices de la foudre. Leur invention est due à Franklin.*

CINQUIÈME LEÇON

Magnétisme. — Aimant naturel et artificiel. — Propriété de l'aiguille aimantée. — Boussole.

I. **Magnétisme.** — On nomme magnétisme l'ensemble des effets, des résultats obtenus au moyen des aimants.

II. **Aimant naturel.** — On donne le nom d'aimant naturel à un certain minerai de fer qui possède la propriété d'attirer le fer — A l'aide de frictions convenablement faites avec les aimants naturels sur des barreaux de fer doux ou d'acier, on peut communiquer les mêmes propriétés à ces derniers : ce sont : les **aimants artificiels.**

Lorsqu'on place un aimant naturel ou artificiel dans de la limaille de fer (fig. 46), on voit cette limaille s'attacher surtout en certains endroits qu'on appelle les **pôles** de l'aimant. Dans les barreaux et les aiguilles d'acier aimantés avec soin, ces points sont ordinairement au nombre de deux situés vers les extrémités, et l'espace qui les sépare semble à peu près dépourvu de la propriété d'attirer le fer : c'est la **ligne neutre.**

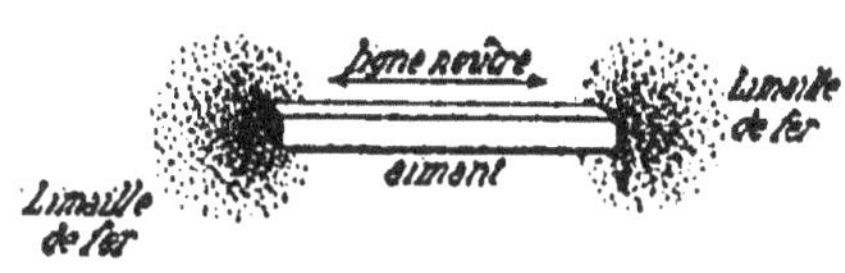

Fig. 46.

L'attraction des aimants s'exerce à **distance**; elle s'exerce encore à **travers** les corps, une feuille de papier ou une feuille de verre par exemple. Ceci est très facile à prouver.

Propriété de l'aiguille aimantée. — Si l'on place une

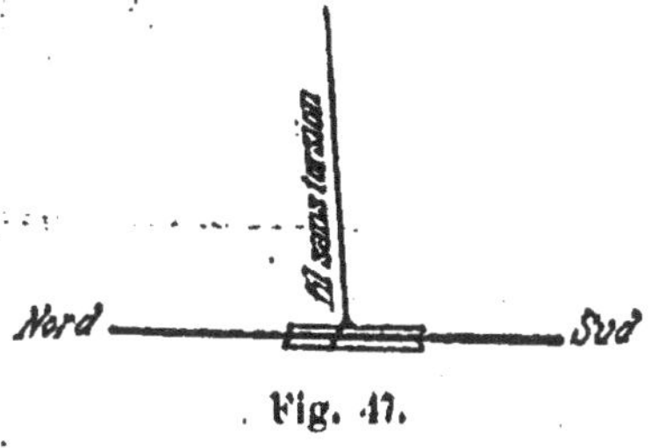

Fig. 47.

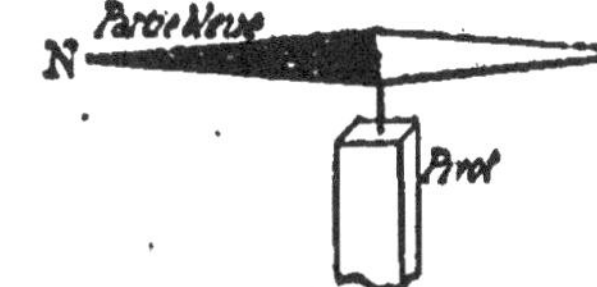

Fig. 48. — Boussole.

aiguille aimantée dans une petite chape de papier suspendue à un fil (fig. 47), on la voit prendre d'elle-même une direction fixe qui est à peu près celle du sud au nord.

Si l'on retourne l'aiguille aimantée de manière à diriger vers le sud la pointe qui regardait le nord, on lui voit faire un demi-tour pour revenir à sa première position.

Boussole. — Une aiguille aimantée, taillée en losange allongé (fig. 48) et mobile sur un pivot, constitue une boussole; la moitié qui se dirige vers le nord est ordinairement bleue.

C'est avec la boussole que les marins se dirigent en mer, que les mineurs déterminent la direction des galeries qu'ils creusent.

RÉSUMÉ

On nomme **magnétisme** *l'ensemble des faits obtenus avec les aimants.*

On appelle **aimant naturel** *un minerai de fer qui possède la propriété d'attirer le fer. Les* **aimants artificiels** *sont des barreaux de fer doux ou d'acier auxquels on a communiqué la même propriété qu'aux aimants naturels.*

L'aiguille aimantée prend d'elle-même à peu près la direction du N. au S.

Une aiguille aimantée, taillée en losange allongé et mobile sur un pivot, forme une **boussole**.

La boussole sert particulièrement aux marins et aux mineurs.

SIXIÈME LEÇON

Aimantation. — Usages des aimants.

I. Aimantation. — On nomme aimantation l'opération qui consiste à frotter avec un aimant naturel ou artificiel un barreau d'acier pour lui communiquer la propriété d'attirer le fer. On connaît plusieurs procédés d'aimantation : nous n'indiquerons que les deux plus simples.

aimant
A
B C
Barreau d'acier

Fig. 49.

1er procédé. — On promène sur le barreau d'acier BC (fig. 49) le pôle d'un aimant dans le sens indiqué par la flèche et sans revenir sur ses pas. On répète plusieurs fois les frictions : le barreau est aimanté.

2e procédé. — On prend deux aimants et on les pose sur le barreau à aimanter en mettant en regard leurs pôles de nom contraire A et B; puis on les sépare en les faisant glisser jusqu'aux extrémités opposées du barreau (fig. 50); on les replace ensuite dans la même position; on recommence la même opération plusieurs fois, le barreau ne tarde pas à s'aimanter.

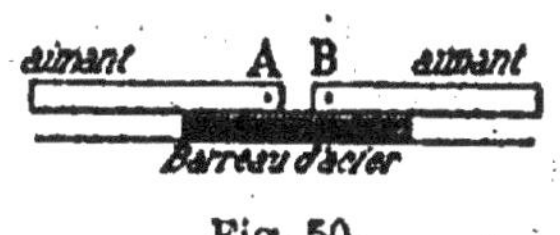

Fig. 50.

II. **Usages des aimants.** — Une des plus belles applications des aimants a été l'invention de la boussole. On se sert quelquefois d'un aimant pour retirer de l'œil ou d'une plaie les particules de fer qui s'y sont introduites; on s'en sert aussi pour reconnaître la présence du fer, même en petite quantité, dans les roches ou pour séparer les parcelles de fer mélangées à d'autres poudres métalliques. Les aimants forment la partie essentielle des téléphones. La médecine les emploie dans le traitement des paralysies, des contractures, des névralgies, etc.

RÉSUMÉ

On nomme **aimantation** *l'opération qui consiste à frictionner, avec un aimant naturel ou artificiel, un barreau d'acier pour lui communiquer la propriété d'attirer le fer.*

Une des plus belles applications des aimants a été l'invention de la **boussole**. *On se sert des aimants pour retirer les particules de fer introduites dans l'œil ou dans une plaie, pour séparer les parcelles de fer mélangées à d'autres poudres métalliques. On les emploie aussi en médecine. Ils constituent la partie essentielle des téléphones.*

SEPTIÈME LEÇON

Électricité dynamique. — Courant électrique. — Pile. Décomposition de l'eau.

I. **Électricité dynamique.** — On nomme électricité dynamique l'électricité obtenue par les actions chimiques.

Si l'on plonge une lame de zinc Z (fig. 51) dans du vitriol (acide sulfurique) étendu d'eau, on la voit se recouvrir de bulles gazeus d'hydrogène. En même temps la feuille de zinc s'est charg d'électricité **négative**. Cette électricité négative provient d'ur électricité neutre qui, par sa décomposition, a fourni une éga quantité d'électricité **positive**. suffit pour le constater de plong dans le liquide du vase V, une lam de platine : elle se chargera d'élec tricité positive.

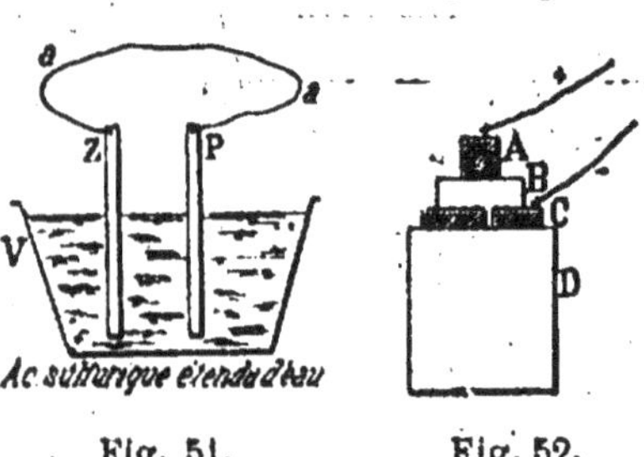

Fig. 51. Fig. 52.

II. Courant électrique. — l'on réunit les deux lames par un de cuivre *aa* (fig. 51) les deux éle tricités se précipitent à la rencontr l'une de l'autre et se recombinent dans le fil. Cette double circula tion d'électricité a été désignée sous le nom de **courant élec trique**.

III. Pile. — Une pile est un appareil destiné à produire un cou rant électrique. Une des plus connues est la pile de Bunsen (fig. 52) A est du charbon des cornues; B, un vase en terre poreux; C, u cylindre de zinc, et D, le vase qui contient l'acide sulfurique étendu

IV. Décomposition de l'eau. — On peut, à l'aide du couran électrique produit par quelques piles Bunsen, décomposer l'eau e ses deux éléments : hydrogène et oxygène On se sert pour cela de l'appareil ci-contr (fig. 53), qu'on nomme un voltamètre.

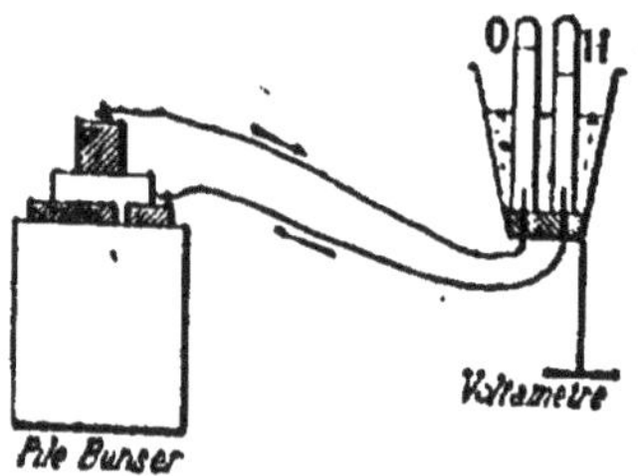

Fig. 53.

L'hydrogène est double de l'oxygène

V. Usages des piles. — Les pile ne sont pas seulement employées à dé composer l'eau; elles produisent le cou rant nécessaire pour argenter, dorer e nickeler; elles constituent la parti essentielle des sonneries électriques, du télégraphe, du télé phone, etc. Dans certains cas, les médecins se servent de petite piles pour électriser les membres de leurs malades.

RÉSUMÉ

On appelle ***électricité dynamique*** *l'électricité obtenue par le actions chimiques.*

Une **pile** *est un appareil destiné à produire un courant élec-ique.*

Le courant électrique décompose l'eau en ses éléments, l'oxygène l'hydrogène.

Les piles sont employées pour dorer, argenter, etc.; c'est par elles e l'on obtient les courants nécessaires aux sonneries électriques, au légraphe, au téléphone; la médecine les utilise également.

HUITIÈME LEÇON

Effets magnétiques du courant électrique. Télégraphe.

I. Effets magnétiques du courant électrique. — Suppo-ons une bobine en bois B (fig. 54) sur laquelle s'enroule un grand ombre de fois un fil de cuivre enveloppé de soie. Dans cette obine est placé un barreau de fer doux A; s extrémités *a* et *b* du fil de soie sont en ommunication avec une pile. Aussitôt le ourant établi, le barreau de fer doux s'ai-nante et est capable d'at-rer une pièce de fer oux F placée devant lui. faut ensuite un effort onsidérable pour la sé-arer du barreau A. Mais ès qu'on interrompt le ourant dans le fil de la obine, l'aimantation dis-arait aussitôt et F se étache très facilement.

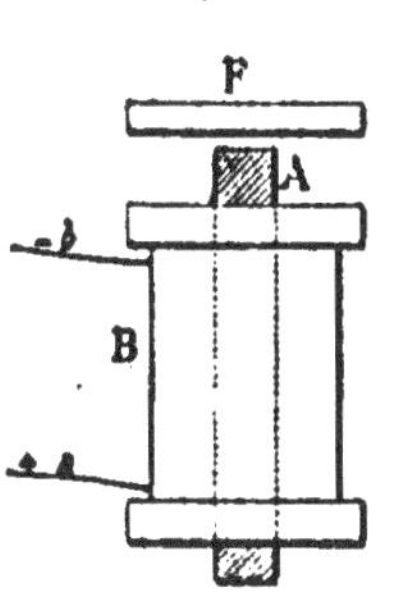

Fig. 54. — Bobine.

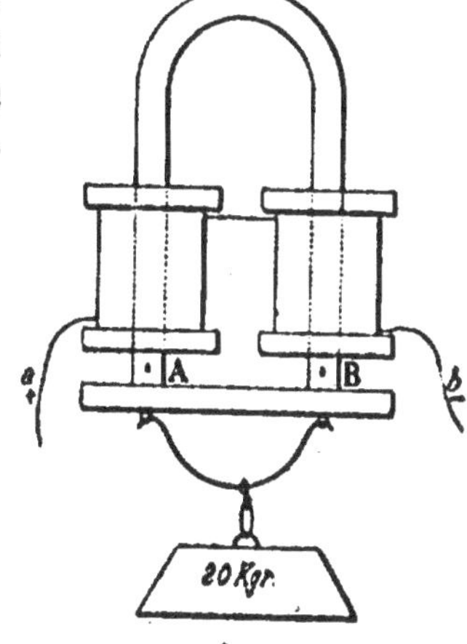

Fig. 55. — Électro-aimant.

n nomme **électro-aimant** une bobine ainsi disposée; on onstruit des électro-aimants capables de supporter un poids e 1 000 kilogrammes; on leur donne alors la forme d'un fer à heval (fig. 55).

II. Télégraphe. — C'est sur la propriété des électro-aimants u'est basée la télégraphie électrique.

Supposons qu'on veuille transmettre une dépêche de Lille Paris. Une pile est installée à Lille (fig. 56). Du charbon de la pi part un fil qui va s'enrouler à Paris sur un électro-aimant A, e face duquel se trouve pl cée une plaque de fer dou E, maintenue par un resso r. Le fil après s'être enroul sur l'électro-aimant revien au zinc de la pile. Le pas sage du courant aimante l fer doux, la plaque E es attirée et se colle sur l'é lectro-aimant malgré la résistance du ressort r, trop faible pou s'opposer au mouvement. On peut considérer ce mouvement de l plaque comme un premier signal transmis de Lille à Paris.

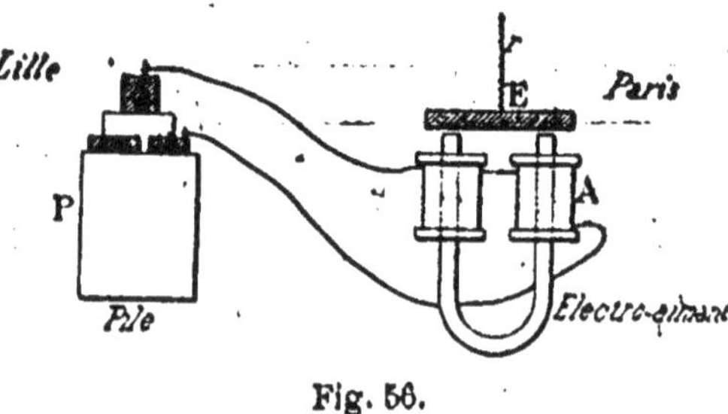

Fig. 56.

Si l'on interromp le courant, le fer dou se désaimante et l ressort r ramène l plaque dans sa pre mière position. C deuxième mouvemen peut être considér comme un second si gnal. Il est facile d'ar ranger ces signaux d manière à représente toutes les lettres d l'alphabet.

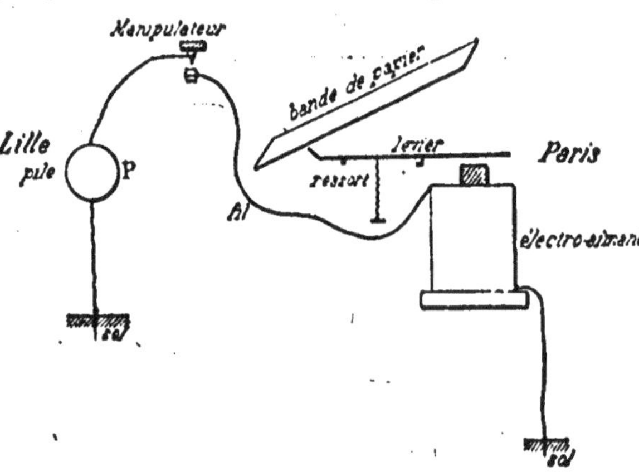

Fig. 57. — Fig. théorique du télégraphe.

En résumé l'ensemble d'une ligne télégraphique compren (fig. 57) :

1° Une pile ;

2° Des fils de métal mettant en communication les différente stations ;

3° Un appareil destiné à transmettre les signaux et appelé manipulateur ;

4° Un appareil destiné à les recevoir et nommé récepteur.

RÉSUMÉ

Un morceau de fer doux sur lequel s'enroule un fil de cuivre recouvert de soie s'aimante lorsqu'on fait passer un courant électrique dans le fil; il perd cette propriété aussitôt que le courant cesse. C'est là le principe des **électro-aimants** *dont on a fait de nombreuses applications. L'invention du télégraphe est la plus importante de ces applications.*

Une ligne télégraphique comprend une pile, un manipulateur, un fil métallique qui fait communiquer les deux stations, et le récepteur.

JANVIER

PROGRAMME. — Pesanteur. — Balance. — Chaleur. Effet de la chaleur sur les corps. — Thermomètre : son usage. — Évaporation de l'eau. — L'eau sous ses trois états. — Pluie, rosée, neige, vent glace. — Force expansive de l'eau à l'état de vapeur ou de glace produite en vase hermétiquement fermé. — Application de cette force : machine à vapeur, pierre gélive. — Corps bons conducteurs corps mauvais conducteurs de la chaleur. — Pouvoir absorbant.

PREMIÈRE LEÇON

Pesanteur. — Balance.

I. **Pesanteur.** — La pesanteur est la force qui attire les corps vers la terre. Un corps qui tombe suit la direction de la verticale. Le poids d'un corps est l'effort qu'il faut faire pour l'empêcher de tomber.

II. **Balance.** — La balance est un instrument qui sert à évaluer le poids des corps (fig. 58). Elle se compose : 1° du fléau comprenant deux bras; 2° du couteau; 3° des plateaux; 4° de l'aiguille; 5° du cadran; 6° du support.

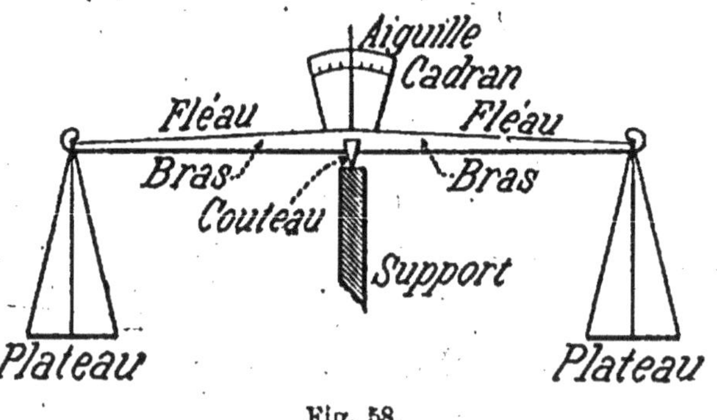

Fig. 58.

Une balance doit être **juste** et **sensible.**

Pour qu'une balance soit **juste**, il faut : 1° que les deux bras du fléau soient de même longueur et de même poids; 2° que, les plateaux étant vides, le fléau soit horizontal; 3° qu'après une pesée exacte, il y ait encore équilibre en changeant les corps de plateaux.

On dit qu'une balance est **sensible** lorsqu'en ajoutant un poids très léger, on trouble visiblement l'équilibre. Plus les bras du fléau sont longs et légers, plus la balance est sensible.

REMARQUE. — On peut faire une pesée exacte avec une balance fausse mais sensible. On met le corps à peser dans l'un des plateaux et on lui fait équilibre avec un corps quelconque. On retire le corps à peser et on le remplace par des poids marqués jusqu'à ce qu'il y ait encore équilibre. La somme des poids représente le poids du corps. C'est ce qu'on appelle la méthode des **doubles pesées**.

RÉSUMÉ

La **pesanteur** *est la force qui attire les corps vers la terre. Le poids d'un corps est l'effort qu'il faut faire pour l'empêcher de tomber.*

La **balance** *est un instrument qui sert à évaluer le poids des corps. Elle se compose du fléau, du couteau, des plateaux, de l'aiguille, du cadran et d'un support.*

Une balance doit être **juste** *et* **sensible**.

DEUXIÈME LEÇON

La combustion. — Chaleur : effets de la chaleur sur les corps.

I. **La combustion.** — Un corps en combustion produit de la chaleur (décembre, 1re leçon). La chaleur modifie l'état des corps. Les solides, les liquides et les gaz augmentent de volume quand on les chauffe — ils se **dilatent** — et diminuent de volume lorsqu'on les refroidit.

II. **Effet de la chaleur sur les corps solides.** — *1re expérience.* — La dilatation des corps solides par la chaleur est rendue sensible par l'expérience suivante (fig. 59). A B est un morceau de fil de fer assez fort attaché au montant M par un bout de ficelle et à une règle R. On chauffe la tige qui s'allonge, car la règle prend la position R'.

2e expérience. Dilatation d'un sou. — On forme un anneau avec un morceau de fil de fer (fig. 60), dont le diamètre est égal à celui d'une pièce de 5 ou de 10 centimes. Chauffée, la pièce ne peut plus passer dans l'anneau.

3e expérience. Dilatation d'un barreau de fer. — A B est un

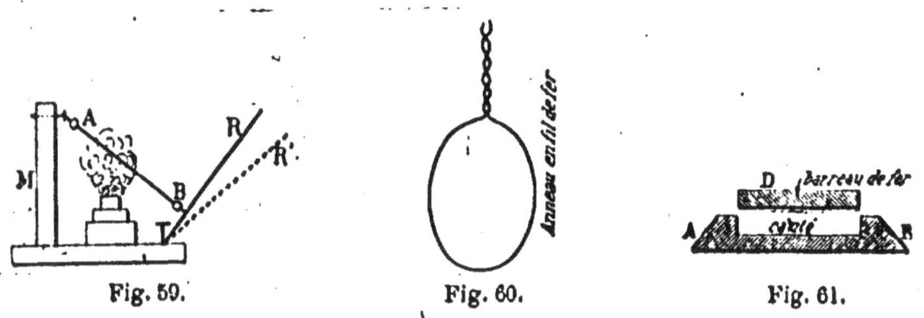

Fig. 59. Fig. 60. Fig. 61.

morceau de bois assez épais (fig. 61) dans lequel est creusée une cavité où se loge exactement à froid un barreau de fer D. Chauffé, le barreau n'y peut plus pénétrer.

III. **Effet de la chaleur sur les corps liquides.** — Pour prouver la dilatation des corps liquides, on peut faire les expériences suivantes.

On remplit complètement d'eau colorée un ballon (fig. 62), on le ferme au moyen d'un bouchon traversé d'un tube T. Le liquide arrive dans le tube jusqu'en *a*, point que l'on marque à l'aide d'un morceau de papier gommé. On plonge le ballon dans un vase V rempli d'eau très chaude. Le niveau *a* du tube baisse tout d'abord

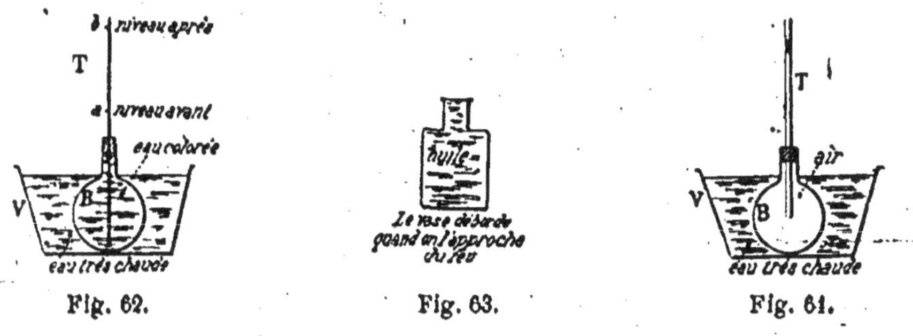

Fig. 62. Fig. 63. Fig. 64.

à cause de la dilatation du ballon; mais il ne tarde pas à s'élever jusqu'en *b*.

Dilatation de l'huile. — On remplit d'huile une petite bouteille (fig. 63); on l'approche du feu. Elle ne tarde pas à déborder.

Cela explique pourquoi on ne doit pas emplir complètement les bonbonnes dans lesquelles on expédie l'huile à manger. L'échauffement produit par la chaleur du soleil peut les faire éclater.

IV. Effet de la chaleur sur les corps gazeux. — On peut aussi très facilement rendre sensible l'effet de la chaleur sur les gaz. Il suffit de répéter les expériences suivantes.

On vide le ballon B de la figure 62 en laissant dans le tube T (fig. 64), vers le milieu, une goutte de liquide colorée qui servira d'index. En tenant le ballon dans les mains ou en le plongeant dans de l'eau chaude, l'air du ballon se dilate et l'index monte.

Jet d'eau produit par la dilatation de l'air. — On prépare un petit flacon F (fig. 65) fermé par un bouchon que traverse un

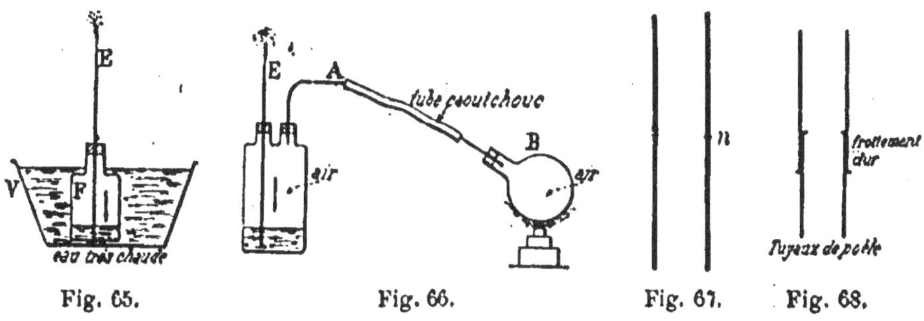

Fig. 65. Fig. 66. Fig. 67. Fig. 68.

tube effilé E. Le flacon contient une petite quantité d'eau : 4 à 5 centimètres. On le plonge dans un vase V rempli d'eau très chaude. L'eau jaillit en E.

On obtient le même résultat en adoptant le dispositif de la figure 66.

Applications. — On a utilisé la propriété que possèdent les corps de se dilater par la chaleur :

1° Dans la pose des rails de chemin de fer. On laisse un petit intervalle *n* entre deux rails consécutifs pour empêcher la déformation de la voie (fig. 67) pendant l'été;

2° Dans le cerclage des roues de voitures;

3° Dans la pose des rivés des chaudières à vapeur;

4° Dans le redressement des murailles;

5° Dans l'emboîtement des tuyaux de poêle (fig. 68);

6° Dans la pose des feuilles de zinc pour toitures, etc., etc.

RÉSUMÉ

Les solides, les liquides et les gaz augmentent de volume quand on les chauffe ; en se refroidissant, ils se contractent.

On démontre expérimentalement la dilatation des corps solides, liquides et gazeux.

La connaissance de cette propriété a été appliquée :

A la pose des rails de chemin de fer;

Au cerclage des roues de voitures;

A la pose des rivés des chaudières à vapeur;

A l'emboîtement des tuyaux de poêle.

A la pose des feuilles de zinc pour toitures;

TROISIÈME LEÇON

Le thermomètre : sa construction et son usage.

Le thermomètre est un instrument qui sert à déterminer les températures. Il se compose d'un petit réservoir R ou ampoule (fig. 69), d'un centimètre cube à peine, et d'un tube capillaire T fermé.

On remplit préalablement R de mercure ou d'alcool. On plonge ensuite le thermomètre dans un récipient contenant de la glace pilée (fig. 70). Au point où le mercure

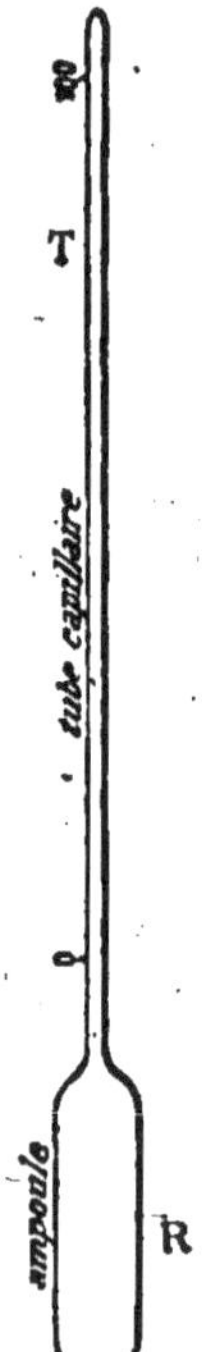

Fig. 69.

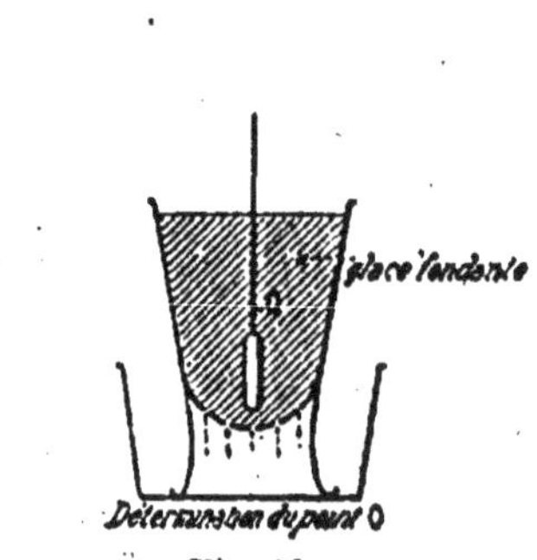

Fig. 70.

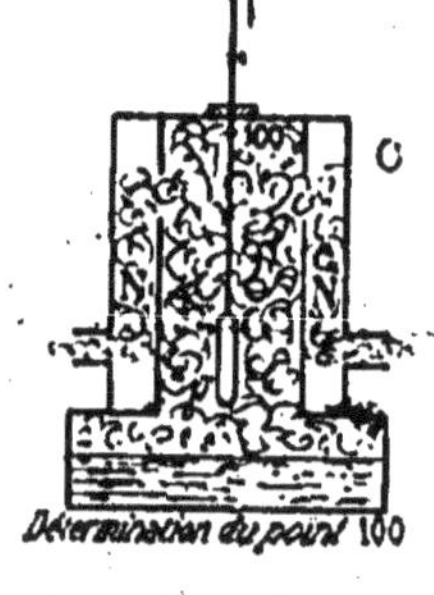

Fig. 71.

s'arrête dans le tube T, on marque 0. C'est le zéro du thermomètre, c'est-à-dire le point correspondant à la glace fondante.

Le thermomètre est ensuite porté dans la chaudière C (fig. 71), où il est placé au milieu de la vapeur d'eau qu'elle produit. NN sont des cloisons qui empêchent le refroidissement de la vapeur par l'air extérieur. Le mercure monte dans le tube T et au point où il s'arrête on marque 100.

Il n'y a plus qu'à partager l'espace compris entre 0 et 100 en 100 divisions égales : ce sont les degrés du thermomètre; au-dessus du zéro, ils s'indiquent avec le signe +; au-dessous avec le signe —.

Ce thermomètre est appelé thermomètre centigrade.

Usages. — Le thermomètre sert à déterminer les températures. Pour les basses températures, on se sert du thermomètre à alcool, qui n'a pu encore être congelé à l'air libre.

RÉSUMÉ

Le **thermomètre** *est un instrument qui permet de déterminer les températures. Il est à mercure ou à alcool.*

Le point zéro correspond à la température de la glace fondante; le point 100, à celle de l'eau bouillante.

Les divisions du thermomètre s'indiquent par le signe + au-dessus de zéro et par le signe — au-dessous.

QUATRIÈME LEÇON

Évaporation de l'eau.

La vapeur se forme par **évaporation** ou par **ébullition**. Si on abandonne à l'air libre, dans une assiette (fig. 72), une certaine quantité d'eau, d'alcool ou d'éther, le liquide se transforme peu à peu en vapeur : il y a évaporation.

L'eau que contient l'assiette finit par disparaître

Fig. 72.

L'évaporation se forme à la surface du liquide.

Les causes qui augmentent la rapidité de l'évaporation sont :

1° *La quantité de vapeur d'eau contenue dans l'air.* — Du linge mouillé sèche vite dans un air sec; il reste longtemps humide par un temps de brouillard.

2° *L'étendue de la surface libre du liquide.* — L'évaporation, pour une même quantité de liquide, se fera plus vite dans une assiette que dans un verre (fig. 73).

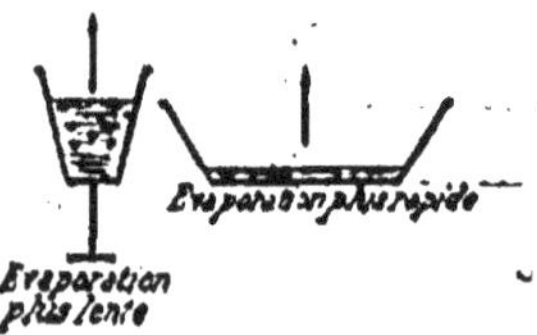

Fig. 73.

3° *L'agitation de l'air.* — Dans un air parfaitement calme, l'évaporation est lente; dans un air agité, elle est beaucoup plus rapide. La pluie tombée sur le sol est bientôt évaporée si elle est suivie d'un vent un peu fort; le linge mouillé sèche plus vite par le vent. Quand, en été, la peau est mouillée par la sueur, il faut éviter de rester dans un courant d'air, car le corps se refroidit alors brusquement et il en peut résulter de graves maladies.

4° *La température du liquide.* — L'eau chaude s'évapore plus vite que l'eau froide.

Froid produit par l'évaporation. — L'évaporation est une cause de froid. En voici des preuves :

1° Si l'on verse quelques gouttes d'éther sur un linge entourant le réservoir d'un thermomètre, on voit le mercure baisser peu à peu jusqu'au-dessous de zéro, alors que la température de la pièce où l'on opère est de 15 à 20°;

2° Si l'on verse un peu d'éther sur la main, on sent une vive impression de froid;

3° Quand on sort d'un bain, des frissons parcourent tout le corps; ils ont pour cause l'évaporation qui se fait à la surface de la peau;

4° Si l'on recouvre une bouteille pleine d'eau d'un linge fortement mouillé et si on l'expose dans un courant d'air, l'eau de la bouteille peut se refroidir de 4 à 5°;

5° Dans les pays chauds, pour avoir continuellement de l'eau fraîche, on en remplit des vases en terre poreuse appelés alcarazas et on les expose dans un courant d'air. L'eau qui suinte à leur surface s'évapore et refroidit celle de l'intérieur du vase.

RÉSUMÉ

La vapeur se forme par **évaporation** *ou par* **ébullition**.
L'évaporation se fait à la surface du liquide.
L'évaporation est d'autant plus grande qu'il y a moins de vapeur

d'eau dans l'air, que la surface libre du liquide est plus grande, que l'air est plus agité, que le liquide est plus chaud.

L'évaporation est une cause de froid.

CINQUIÈME LEÇON

L'eau sous ses trois états. — Pluie, rosée, neige, vent, glace.

L'eau de la mer, des étangs, des cours d'eau, etc., est liquide. Un froid suffisant la solidifie, la chaleur la transforme en vapeur.

L'air renferme toujours de la vapeur d'eau. Si on remonte de la cave une bouteille de vin, par exemple, on la voit se couvrir immédiatement d'une buée de vapeur qui provient de l'humidité de l'air.

Cette humidité de l'air est due presque entièrement à l'évaporation qui se produit à la surface des mers, des fleuves, des lacs, des rivières, etc.

La pluie, la rosée, la neige sont dues à la vapeur d'eau qui se trouve dans l'air.

Un **brouillard** est de la vapeur d'eau qui se condense en fines gouttelettes, lorsque l'air contient déjà la plus grande quantité possible d'humidité.

Les **nuages** sont des brouillards plus ou moins élevés (1 000 mètres environ en hiver; 3 000 en été).

Pluie. — La pluie tombe lorsque les gouttelettes des nuages se réunissent et forment les gouttes assez lourdes. Elle provient toujours d'un refroidissement de l'air.

On évalue l'eau tombée en un temps donné à l'aide du **pluviomètre** (fig. 74).

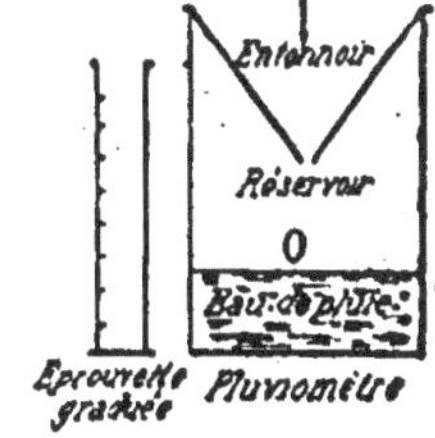

Fig. 74.

Rosée. — A la suite des nuits tranquilles et douces, on trouve sur la plupart des objets exposés à l'air libre, des gouttelettes d'eau : c'est la rosée, plus abondante au printemps et à l'automne qu'en été et en hiver.

Neige. — La neige se forme lorsque la vapeur d'eau contenue dans l'air passe directement à l'état solide sans se liquéfier. La neige est un bienfait pour la terre; elle protège le sol et les graines contre la gelée.

Glace. — La glace est de l'eau solidifiée; pour qu'elle se forme, il faut que la température de l'air s'abaisse au-dessous de 0 degré. La glace est plus légère que l'eau; la preuve c'est qu'elle surnage; un décimètre cube de glace pèse seulement 940 gr.

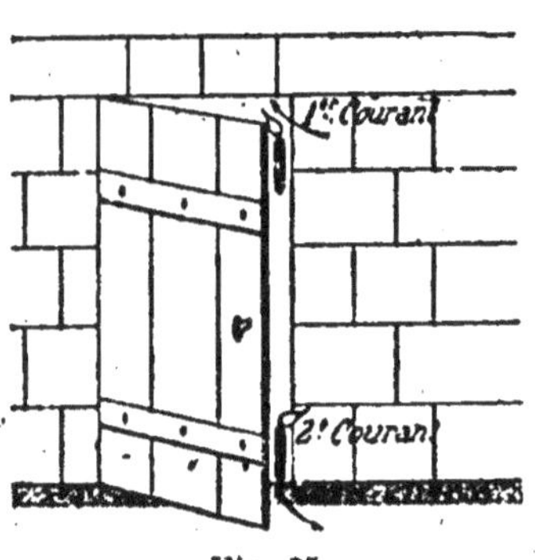

Fig. 75.

Vent. — Le vent est produit par de l'air en mouvement. En ouvrant la porte qui fait communiquer la salle de classe avec l'extérieur, on sent immédiatement un courant d'air. Une bougie allumée placée tantôt à la partie inférieure, tantôt à la partie supérieure de la porte (fig. 75), permet de constater l'existence d'un double courant. L'inclinaison de la flamme de la bougie montre la direction de ce double courant.

RÉSUMÉ

La **glace** *est de l'eau solidifiée; dans les mers, les fleuves, les rivières, l'eau est à l'état liquide; dans l'air elle existe sous forme de vapeur.*

Un **brouillard** *est de la vapeur d'eau condensée en fines gouttelettes dans un air contenant la plus grande quantité possible d'humidité; les* **nuages** *sont des brouillards élevés; la* **pluie** *tombe lorsque les gouttelettes des nuages se sont réunies et forment des gouttes assez lourdes; la* **rosée** *se forme sur les corps rugueux pendant les nuits tranquilles et douces. La* **neige** *tombe lorsque la vapeur d'eau contenue dans l'air se solidifie sans se liquéfier. Le* **vent** *est de l'air en mouvement. La* **glace** *est de l'eau solidifiée.*

SIXIÈME LEÇON

Force expansive de l'eau à l'état de vapeur ou de glace produite en vase hermétiquement fermé.

La vapeur d'eau jouit d'une grande force expansive qu'il est facile de mettre en évidence par les expériences suivantes :

1° Dans un porte-plume métallique T (fig. 76) on introduit quelques gouttes d'eau E. On bouche l'extrémité ouverte en l'enfonçant un peu dans une pomme de terre par exemple. Le tube, tenu par un fil de fer, est placé dans la flamme d'une lampe à alcool; l'eau se convertit en vapeur et le bouchon B est violemment projeté dans l'air.

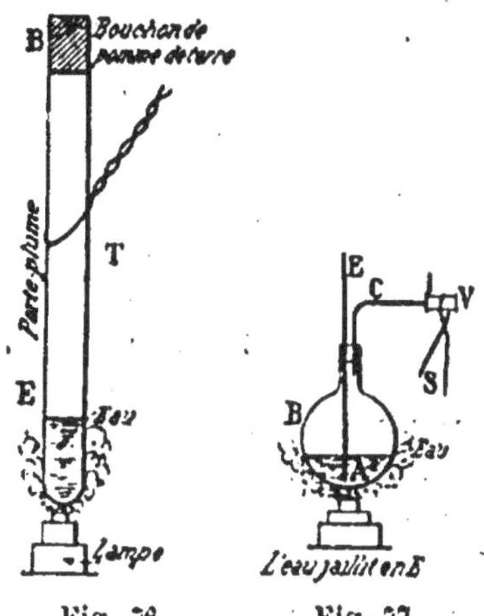

Fig. 76. Fig. 77.

2° Dans un ballon B, on place une certaine quantité d'eau, le quart environ de la capacité (fig. 77). On le ferme avec un bouchon traversé par un tube effilé E; l'extrémité

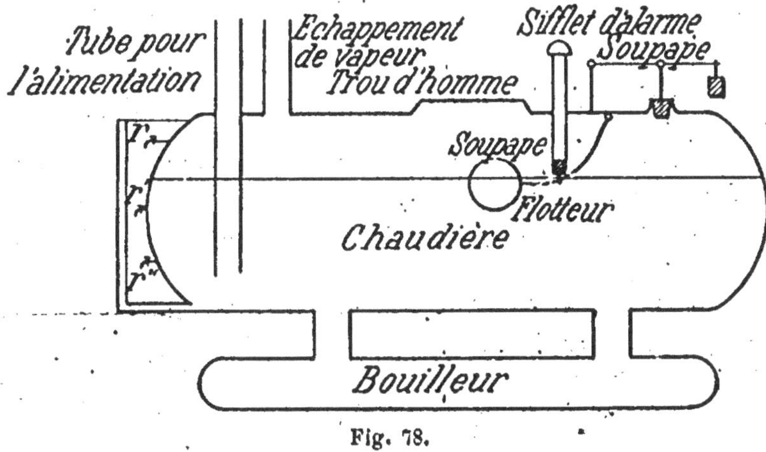

Fig. 78.

A plonge dans l'eau du ballon. C est un tube coudé auquel on adapte un bout de caoutchouc que l'on peut fermer à l'aide d'une petite ficelle. On chauffe l'eau du ballon jusqu'à ébullition. Quand la vapeur sort abondante en V, on ferme le caoutchouc en faisant un nœud avec la ficelle. On continue à chauffer modérément, l'eau s'échappe en E et peut s'élever jusqu'à 3 et 4 mètres de hauteur.

La vapeur nécessaire à faire marcher les machines des usines est produite dans des chaudières ou **générateurs** (fig. 78).

La glace qui se forme en un espace hermétiquement fermé jouit, elle aussi, d'une force expansive considérable. On le prouve en répétant l'expérience suivante. On emplit d'eau, complètement, une bouteille que l'on ferme à l'aide d'un bon bouchon. On expose la bouteille à la gelée. L'eau en se convertissant en glace brise le verre (fig. 79). La connaissance de cette propriété permet d'expliquer certains faits :

Fig. 79.

1° L'eau que contiennent les pierres gélives les fait éclater en se convertissant en glace;

2° Les tuyaux pour la conduite des eaux crèvent quand l'eau qu'ils renferment se congèle;

3° La sève qui circule dans les petits vaisseaux des végétaux les brise quand elle se prend en glace (lune rousse);

4° Les roches se fendillent, se brisent, sous l'influence de la gelée, etc.

RÉSUMÉ

La vapeur d'eau jouit d'une grande force expansive qui augmente avec la température.

La vapeur nécessaire à faire marcher les machines des usines est produite dans des **générateurs.**

La glace qui se forme en un espace clos jouit aussi d'une grande force expansive.

C'est ce qui permet d'expliquer la rupture des bouteilles pleines, des pierres gélives, des roches, etc.

La légende de la lune rousse s'explique aussi facilement par la rupture des petits vaisseaux des végétaux.

SEPTIÈME LEÇON

Machine à vapeur.

C'est Denis Papin le véritable inventeur de la machine à vapeur. Sa machine fut perfectionnée successivement par Newcommen et Watt (fig. 80, 81 et 83).

On chauffait l'eau; la vapeur poussait le piston jusqu'aux arrêts *n* et *n'*; après refroidissement la pression atmosphérique faisait descendre le piston et ainsi de suite.

Newcommen fit produire la vapeur dans une chaudière indépen-

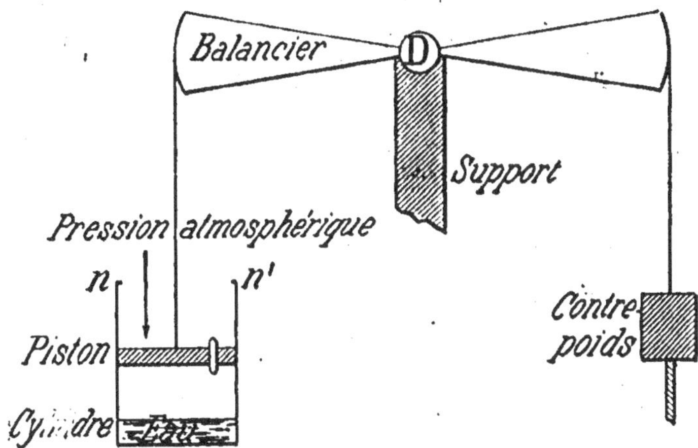

Fig. 80. — Machine de Denis Papin.

dante du cylindre et fit refroidir cette vapeur, qui avait agi dans le cylindre, par de l'eau provenant d'un réservoir U (fig. 81). Cette eau s'écoulait ensuite par le robinet *r*.

Watt trouva le moyen de faire agir la vapeur sur les deux faces du piston pour produire un double effet, **tirer et pousser** tour à tour le piston (fig. 82). La vapeur suit la direction indiquée par les flèches. Pour empêcher la tige du piston de se briser en E (fig. 83), l inventa aussi le parallélogramme qui porte son nom (fig. 83).

Organes de la machine à vapeur. — Les principaux rganes de la machine à vapeur sont le balancier, la bielle et la anivelle (fig. 83).

Services que nous rendent les machines à vapeur.

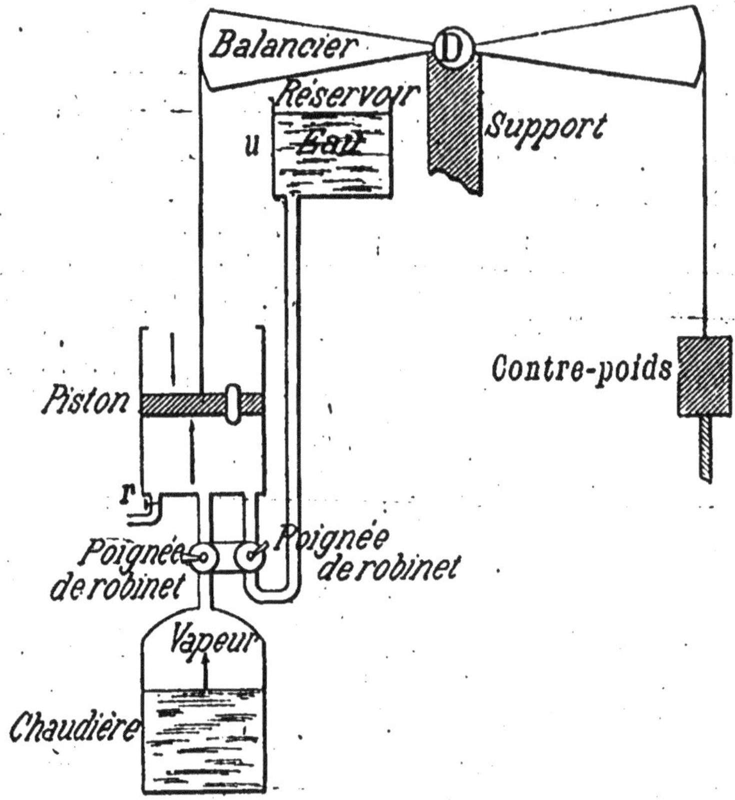

Fig. 81. — Machine de Denis Papin, modifiée par Newcommen.

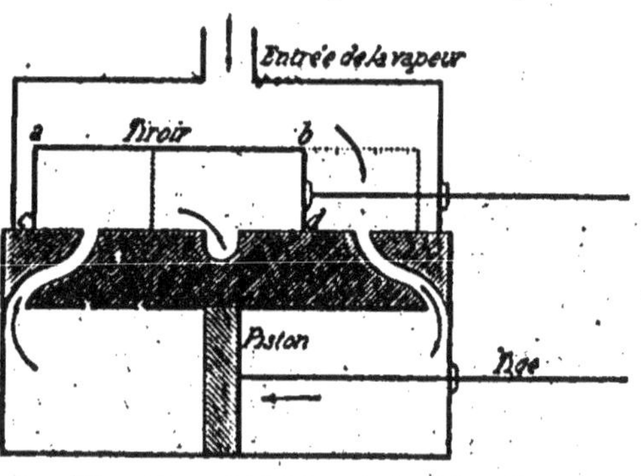

Fig. 82. — Machine à double effet.

— C'est grâce aux machines à vapeur que nous nous déplaçons si vite par les chemins de fer, que nous traversons les mers malgré les vents, que nous transportons des marchandises si rapidement dans toutes les parties du monde. Ce sont les machines à vapeur qui

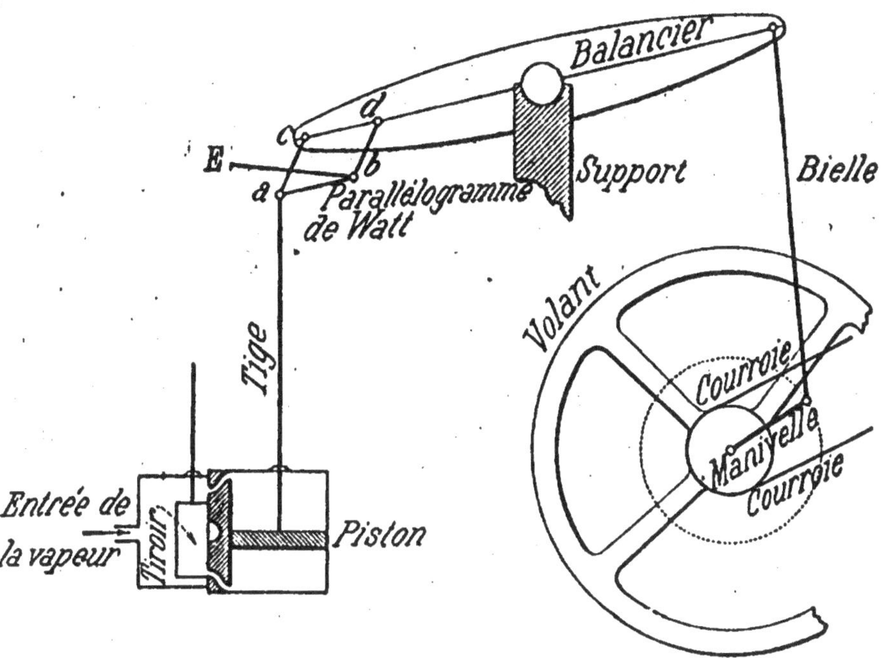

Fig. 83. — Machine de Watt.

font tourner les métiers dans les filatures, les appareils de toutes sortes dans les usines. La force dont nous disposons par elles est incalculable.

RÉSUMÉ

La **machine à vapeur** *fut inventée par Denis Papin et améliorée d'abord par Newcommen, ensuite par Watt.*

Watt est l'inventeur du **parallélogramme** *qui porte son nom, de la machine à* **double effet.**

Les principaux organes d'une machine à vapeur sont le **balancier** *la* **bielle** *et la* **manivelle.**

Les machines à vapeur nous rendent des services incalculables.

HUITIÈME LEÇON

Corps bons conducteurs, corps mauvais conducteurs de la chaleur. — Pouvoir absorbant.

On nomme corps **bon conducteur** de la chaleur tout corps qui transmet facilement la chaleur, comme le fer, le cuivre, etc. Les corps comme le bois, la laine, etc., qui s'opposent au passage de la chaleur, sont dits **mauvais conducteurs.**

1re expérience. — On plonge une cuillère en bois et une autre en argent ou en fer dans de l'eau très chaude; bientôt la chaleur de l'eau gagne le manche de la cuillère d'argent que l'on est obligé de lâcher, tandis qu'on n'éprouve aucune sensation de chaleur en tenant la cuillère en bois. L'argent est bon conducteur, le bois est mauvais conducteur de la chaleur (fig. 84).

Fig. 84.

2e expérience. — On peut tenir une allumette enflammée par un bout sans danger de brûlure. On ne saurait en faire autant d'un fil de fer de même longueur dont l'une des extrémités a été portée au rouge.

Les liquides sont mauvais conducteurs de la chaleur; les gaz plus mauvais encore.

La **conductibilité** a reçu de nombreuses applications.

Les cannes en fer dont les verriers se servent pour puiser le verre fondu dans le four sont protégées par un étui en bois; les repasseuses se servent de poignées en étoffe pour saisir leurs fers chauds; on met des planchers dans les appartements pour qu'il y fasse plus chaud; on enveloppe les pompes avec de la paille pour empêcher l'eau de geler en hiver; on couvre les lits avec des édredons pour conserver la chaleur; la neige, qui emprisonne beaucoup d'air, protège les plantes contre le froid; on construit des murs en briques creuses pour empêcher la chaleur des appartements de se perdre au dehors, etc., etc.

Pouvoir absorbant. — On nomme pouvoir absorbant, le plus ou moins de facilité qu'ont les corps de s'échauffer. Certaines substances s'échauffent facilement : ce sont les matières ternes, rugueuses, de peu de densité; d'autres, au contraire, ne s'échauffent que lentement : ce sont les matières polies, brillantes, lourdes et surtout les métaux possédant leur éclat.

Un corps noir s'échauffe rapidement au soleil, un corps blanc s'échauffe lentement. On expose au soleil deux morceaux d'étoffe de même nature, l'un blanc, l'autre noir; après un certain temps, l'étoffe noire est plus chaude au toucher. Si un chien a un pelage blanc et noir, ce sont les taches noires qui s'échauffent le plus au soleil, comme il est facile de le constater avec la main.

RÉSUMÉ

On nomme corps **bon conducteur** *de la chaleur tout corps qui transmet facilement la chaleur, comme le fer, le cuivre, etc.*

Un corps **mauvais conducteur** *de la chaleur s'oppose à sa transmission à travers sa masse : tels sont le bois, la laine, l'étoupe, etc.*

Les liquides et les gaz sont mauvais conducteurs.

On nomme **pouvoir absorbant** *le plus ou moins de facilité qu'ont les corps de s'échauffer. Les corps ternes, rugueux, peu lourds, s'échauffent facilement; les corps polis, brillants, lourds s'échauffent lentement.*

FÉVRIER

PROGRAMME. — L'homme. Le squelette. — Digestion, circulation respiration, assimilation, sécrétions. — Système nerveux. — Sens.

PREMIÈRE LEÇON

Le squelette.

I. **Définition.** — On appelle squelette (fig. 85) l'ensemble de os qui forment la charpent du corps. Le squelette es divisé en trois parties : l tête, le tronc, les membres

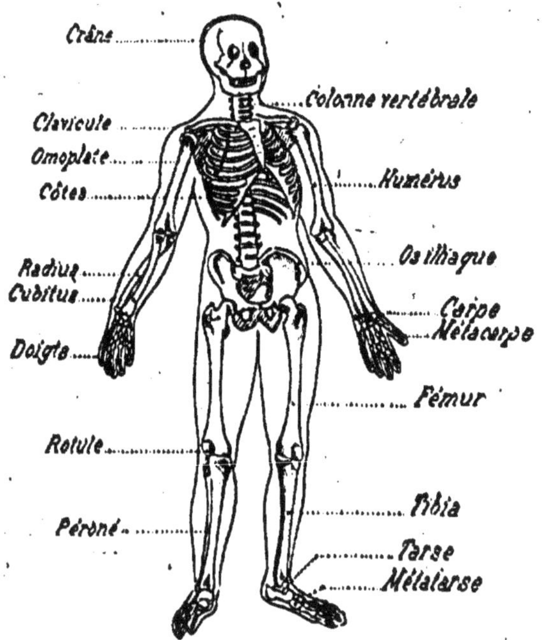

Fig. 85. — Squelette de l'homme.

II. **Tête.** — La têt comprend le crâne et l face. Le **crâne** est un sorte de boîte osseuse qu est destinée à loger et protéger le cerveau et l cervelet. D'une manièr générale, plus sa capacit est grande, plus l'intelli gence est développée. Dan la **face**, formée de 14 os on voit les yeux, le nez, l bouche.

III. **Tronc.** — Le tron comprend la colonne vert brale, les côtes et le bassin

1° Colonne vertébrale. — La colonne vertébrale est formée d

33 vertèbres. La première, appelée **atlas**, soutient la tête. C'est dans la colonne vertébrale qu'est logée la moelle épinière.

2° Côtes. — Les côtes (fig. 86) sont des arcs osseux contournés sur eux-mêmes. L'homme en a 12 paires; les sept premières paires s'attachent en avant sur le sternum.

3° Bassin. — Le bassin est formé de deux os : les os coxaux. Chaque os coxal se compose de trois parties, dont l'os iliaque qui forme la hanche.

IV. **Membres.** — On distingue deux sortes de membres : les membres supérieurs et les membres inférieurs.

Les membres supérieurs sont divisés en 4 parties : l'épaule, le bras, l'avant-bras et la main (fig. 87).

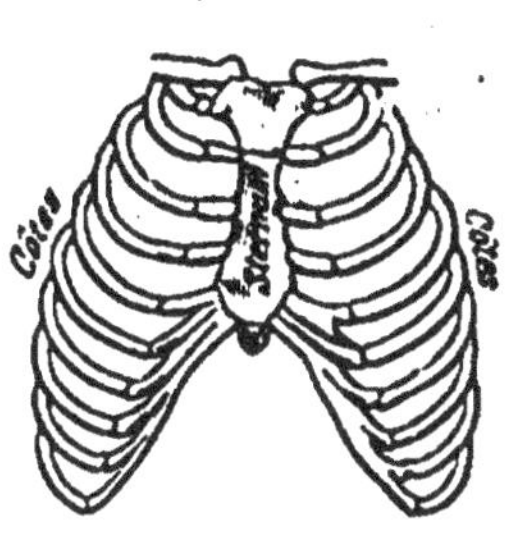

Fig. 86. Côtes.

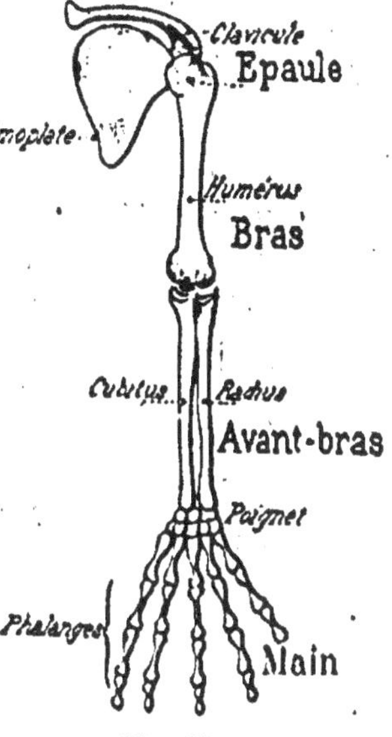

Fig. 87.

1° Épaule. — L'épaule est formée de deux os : la clavicule et l'omoplate.

2° Bras. — Le bras ne renferme qu'un seul os : l'humérus.

3° Avant-bras. — L'avant-bras comprend deux os : le cubitus et le radius.

4° Main. — La main comprend le poignet, la main proprement dite et les doigts.

Le poignet est formé de 8 petits os, la main en comprend 5 et chaque doigt se divise en 3 phalanges; le pouce n'en a que deux.

Les membres inférieurs sont aussi divisés en 3 parties : la cuisse, la jambe et le pied.

1° Cuisse. — La cuisse n'a qu'un seul os, le fémur (fig. 88), le plus long et le plus gros des os du corps.

Fig. 89. Calcanéum.

Fig. 88. Fémur.

2° Jambe. — La jambe se compose de deux os : le tibia et le péroné.

3° Pied. — Le pied est divisé en 3 régions, comme la main : le tarse, le métatarse et les orteils.

Le tarse est formé de 7 os ; le plus remarquable est le calcanéum (fig. 89). Le métatarse comprend 5 os et les orteils 3 phalanges, sauf le pouce qui n'en a que deux.

RÉSUMÉ

Le **squelette** *de l'homme se divise en 3 parties : la tête, le tronc, les membres.*

La **tête** *comprend le crâne et la face.*

Le **crâne** *protège le cerveau et le cervelet. La face est formée de 14 os.*

Le **tronc** *comprend la colonne vertébrale composée de 33 vertèbres, les côtes (12 paires) et les os du bassin.*

Les **membres supérieurs** *sont divisés en 4 parties : l'épaule, le bras, l'avant-bras et la main.*

Les **membres inférieurs** *comprennent la cuisse, la jambe et le pied.*

DEUXIÈME LEÇON

Digestion.

I. **Définition.** — La digestion a pour but de rendre les aliments assimilables. Cette transformation s'accomplit dans le tube digestif dont les diverses parties sont : la bouche, le pharynx, l'œsophage l'estomac, l'intestin grêle et le gros intestin (fig. 90).

Les organes qui se rattachent au tube digestif sont : les dents les glandes salivaires, le foie et le pancréas.

1° Dents. — Les dents sont logées dans les cavités que présentent les os des mâchoires (fig. 91).

L'homme a 32 dents, soit pour chaque mâchoire : 10 molaires 2 canines et 4 incisives.

2° Glandes salivaires. — Les glandes salivaires sécrètent la salive. Nous en avons 3 paires.

3° Foie. — Le foie (fig. 92) est la plus grosse glande du corps. Il sécrète la bile, qui est déversée dans l'intestin grêle. Pendant l'in tervalle des digestions la bile est mise en réserve dans la vésicule biliaire.

4° Pancréas. — Le pancréas (fig. 90) est une glande très importante qui sécrète le suc pancréatique.

II. **Aliments.** — Les aliments subissent des changements dans la bou-

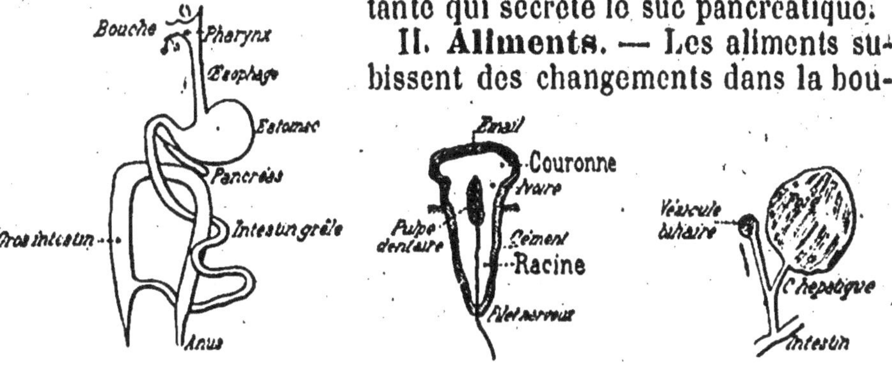

Fig. 90. — Schéma du tube digestif. Fig. 91. — Schéma d'une dent. Fig. 92. — Schéma du foie.

che à cause de la salive, puis dans l'estomac sous l'action du suc gastrique et enfin dans l'intestin lorsqu'ils sont imprégnés du suc pancréatique et du suc intestinal; ils se convertissent alors en une substance blanche comme le lait que l'on nomme **chyle.**

Le chyle est propre à reconstituer le sang et à nourrir les organes.

RÉSUMÉ

Le but de la **digestion** *est de dissoudre les aliments. Ce changement s'accomplit dans le tube digestif. Après avoir été mélangés avec la salive dans la bouche, avec le suc gastrique dans l'estomac, avec le suc pancréatique et le suc intestinal dans l'intestin, les aliments se transforment en un liquide blanc que l'on nomme* **Chyle.**

Le chyle sert à reconstituer le sang.

TROISIÈME LEÇON

Circulation.

I. **Sang.** — Le sang est le liquide nourricier du corps. Il est de couleur rouge ou brune, selon qu'il renferme de l'oxygène ou de l'acide carbonique. Il est composé d'un liquide clair, transparent, jaunâtre appelé **sérum**, dans lequel nagent une quantité prodi-gieuse de petits globules rosés. Ces globules sanguins sont de petits disques circulaires aplatis comme des pièces de monnaie, de $\frac{1}{120}$ de millimètre de diamètre.

Dans le jeune âge, le sang fournit au corps les matériaux dont il a besoin pour s'accroître; plus tard, il répare les pertes des organes, il nourrit les muscles.

II. **Circulation**. — La circulation a pour but de distribuer le sang rouge dans toutes les parties du corps et de ramener le sang noir dans les poumons, où il reprend les propriétés nutritives qu'il a perdues.

Le cœur est le centre de ce double mouvement.

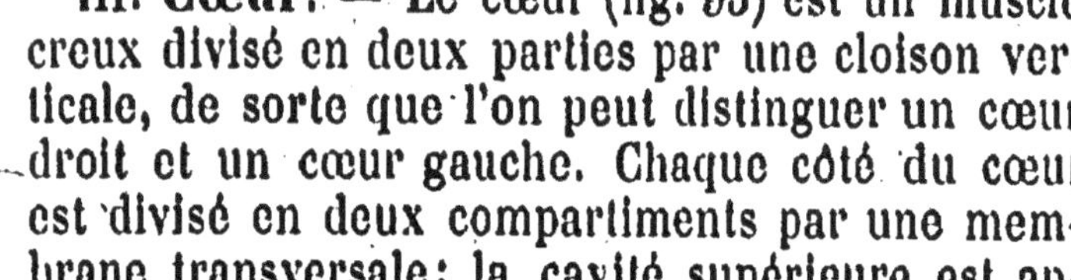

Fig. 93. — Schéma du cœur.

III. **Cœur**. — Le cœur (fig. 93) est un muscle creux divisé en deux parties par une cloison verticale, de sorte que l'on peut distinguer un cœur droit et un cœur gauche. Chaque côté du cœur est divisé en deux compartiments par une membrane transversale; la cavité supérieure est appelée **oreillette**, la cavité inférieure se nomme **ventricule**.

Le cœur gauche sert à la circulation du sang rouge, le cœur droit à la circulation du sang noir.

IV. **Distribution générale des vaisseaux sanguins**. — Les **artères** sont les vaisseaux qui transportent le sang du cœur dans toutes les parties du corps; les **veines** lui ramènent le sang noir.

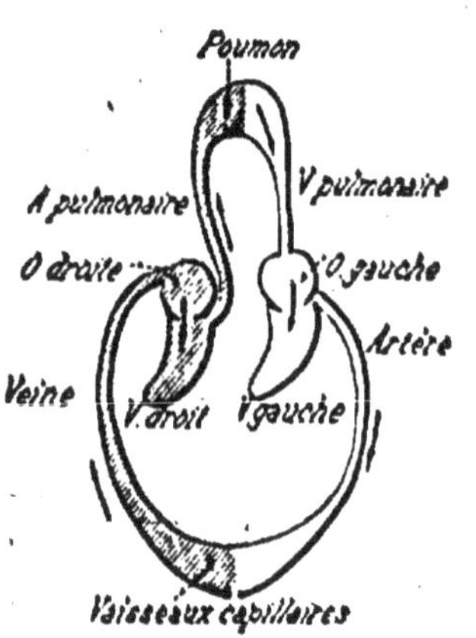

Fig. 94. — Schéma de la circulation.

Le sang rouge commence à circuler dans les veines pulmonaires; il passe ensuite dans l'oreillette gauche et de là dans le ventricule gauche (fig. 94), qui donne naissance à l'artère aorte. Chassé dans l'aorte, il pénètre dans des artères de plus en plus fines et finit par traverser les vaisseaux capillaires où il perd sa belle couleur rouge. Il revient à l'oreillette droite du cœur par les veines, passe dans le ventricule droit; l'artère pulmonaire le chasse dans les poumons, où il reprend sa couleur vermeille pour recommencer le même circuit.

RÉSUMÉ

Le ***sang*** *est le liquide nourricier du corps; il est composé d'un liquide appelé* ***sérum*** *dans lequel nagent les globules sanguins. La* ***circulation*** *a pour but de distribuer le sang rouge dans toutes les parties du corps et de ramener le sang noir dans les poumons, où il reprend les propriétés vitales qu'il a perdues. Le* ***cœur****, centre de ce double mouvement, est divisé en deux parties; chaque partie comprend deux compartiments : une oreillette et un ventricule.*

Le cœur gauche sert à la circulation du sang rouge; le cœur droit à la circulation du sang noir.

QUATRIÈME LEÇON

Respiration.

I. **Définition.** — La respiration a pour but de rendre au sang la couleur rouge qu'il a perdue, de le revivifier.

II. **Appareil respiratoire.** — L'appareil respiratoire de l'homme comprend : 1° les poumons; 2° la trachée-artère, à laquelle il faut ajouter les fosses nasales, le pharynx et le larynx (fig. 95).

III. **Trachée.** — La trachée sert à l'entrée de l'air dans les poumons et à sa sortie; sa longueur est de 12 à 13 centimètres et son diamètre d'environ 22 millimètres.

Vers le milieu de la poitrine, la trachée se divise en deux tubes appelés **bronches**, qui se ramifient à l'infini comme les branches d'un arbre et se terminent par des espèces de culs-de-sac microscopiques appelés **vésicules pulmonaires.**

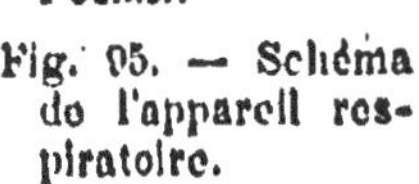

Fig. 95. — Schéma de l'appareil respiratoire.

IV. **Poumons.** — Les poumons sont formés par le groupement de milliers de vésicules pulmonaires. Chez l'homme, ils peuvent contenir 4 litres 4 d'air en moyenne. On a calculé que 20 000 litres de sang traversent les poumons en vingt-quatre heures.

V. **Plèvres.** — Les poumons sont enveloppés d'une membran appelée plèvre; l'inflammation des plèvres produit la **pleurésie**

VI. **Changement du sang noir en sang rouge.** — A travers la paroi des vésicules pulmonaires, le sang noir per l'acide carbonique qu'il renferme, emprunte de l'oxygène à l'ai contenu dans les vésicules et redevient rouge.

VII. **Asphyxie.** — L'asphyxie est l'arrêt de la respiration. Cet accident amène rapidement la mort.

VIII. **Phtisie.** — Les poumons sont sujets à une effrayant maladie : la phtisie. Ils se couvrent de boutons granuleux désigné sous le nom de tubercules. Les tubercules se convertissent en un humeur jaunâtre, épaisse, qui est rejetée par les bronches. A l place que les **tubercules** occupaient, il se forme des caverne contenant une matière verdâtre à odeur fétide. Les causes princi pales de cette maladie sont : le manque d'air, une alimentatio insuffisante, une blessure grave, les chagrins, les fatigues. L phtisie est transmissible; c'est surtout par les crachats qu'elle s propage. Aussi faut-il éviter de cracher en classe sur le parquet e partout où l'on se trouve d'ailleurs.

RÉSUMÉ

La ***respiration*** *a pour but de revivifier le sang noir, de lui rendr sa coloration rouge.*

L'appareil respiratoire *de l'homme comprend : les poumons, le bronches, la trachée-artère, le larynx, le pharynx et les fosse nasales.*

Les poumons sont formés par l'ensemble des vésicules pulmonaires ils sont entourés par les plèvres.

Le sang noir perd son acide carbonique, prend l'oxygène de l'ai logé dans la vésicule et redevient rouge.

L'asphyxie *est la suspension de la respiration.*

Les poumons sont le siège d'une effrayante maladie : la phtisie.

CINQUIÈME LEÇON

Assimilation.

I. Définition. — L'assimilation est la transformation du sang en chair, os, cartilages, etc.

On ignore encore comment cette transformation s'accomplit, mais on sait qu'elle est placée sous l'influence directe du système nerveux. En effet, si l'on coupe le cordon nerveux qui se rend dans un membre, celui-ci ne tarde pas à maigrir et il finit par s'atrophier complètement bien que le sang y circule encore.

C'est dans les vaisseaux capillaires que se fait l'assimilation. Pendant cette transformation, le sang rouge devient noir.

L'assimilation est facilitée par l'exercice. On remarque que les personnes qui marchent beaucoup ont les mollets plus gros que les personnes inactives; les ouvriers qui travaillent des bras, les ont plus forts que les autres hommes. Par l'étude, le cerveau augmente aussi de volume et de densité et, au bout d'un certain temps, on acquiert une facilité plus grande pour le travail.

L'assimilation produit de curieux effets, que l'on remarque notamment dans la réparation des blessures. En cas de fracture des os, chez les mammifères, par exemple, les deux fragments se ramollissent et se couvrent de bourgeons charnus qui se soudent; la matière calcaire se dépose dans ce tissu vivant et l'os se reforme d'une manière complète.

RÉSUMÉ

L'assimilation est la transformation du sang en la substance même de nos organes. Ce changement s'accomplit dans les vaisseaux capillaires, sous l'influence du système nerveux.

L'exercice facilite beaucoup l'assimilation. Il est nécessaire de se livrer de bonne heure à l'étude si l'on veut développer ses facultés intellectuelles.

L'assimilation produit de curieux effets dans la réparation des blessures.

SIXIÈME LEÇON

Sécrétions.

I. Définition. — Les sécrétions sont des produits spéciaux comme le lait, l'urine, la bile, la salive, les larmes, les ongles, les cornes, etc., retirés du sang par les glandes.

PRINCIPALES SÉCRÉTIONS.

Mucus. — Le mucus est un liquide visqueux, filant, incolore qui entretient la souplesse des membranes muqueuses, c'est-à-dire des membranes qui mettent les cavités du corps en communication avec l'air.

Sueur. — La sueur est sécrétée par les glandes sudoripares que l'on trouve dans la peau. C'est une sécrétion importante qu'on ne peut arrêter sans de graves dangers pour la santé.

Matière sébacée. — La matière sébacée est une substance grasse, onctueuse, d'un blanc jaunâtre, ayant une certaine analogie avec le suif; elle a pour fonction d'assouplir la peau. Les petites glandes qui la sécrètent sont très abondantes dans la peau et particulièrement sur le nez, à la base des poils et des cheveux. La matière sébacée s'y accumule quelquefois et sort, lorsqu'on les presse avec les doigts, sous la forme de filaments blanchâtres que l'on considère à tort comme des vers.

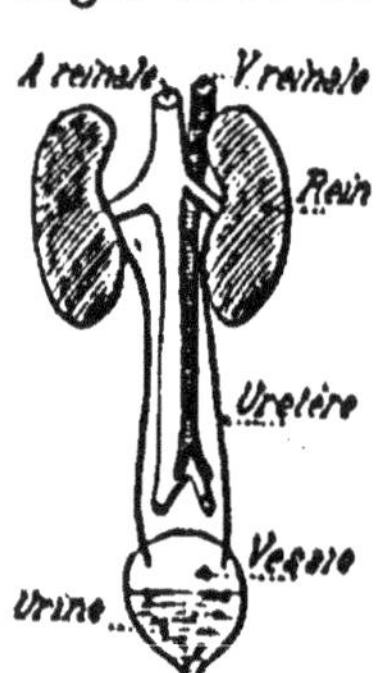

Fig. 96. — Schéma des reins.

Urine. — L'urine est sécrétée par deux glandes appelées **reins** (fig. 96). Les reins ressemblent à une énorme graine de haricot; le poids de chacun d'eux est d'environ 140 grammes; leur couleur est d'un rouge lie de vin.

L'uretère est le canal qui conduit l'urine du rein dans la vessie.

La vessie est le réservoir dans lequel l'urine s'accumule pendant un certain temps avant d'être expulsée.

REMARQUE. — Toutes les sécrétions contribuent à la dépuration du sang.

RÉSUMÉ

On appelle **sécrétions** *certains produits comme le lait, la sueur, urine, etc., extraits du sang par les glandes.*

Les principales secrétions sont le mucus, la sueur, la matière ébacée, l'urine, la salive, le lait, etc.

Le **mucus** *est un liquide qui entretient la souplesse des membranes uqueuses.*

La **sueur** *est sécrétée par les glandes sudoripares.*

La **matière sébacée**, *analogue au suif, assouplit la peau.*

*L'***urine** *est sécrétée par les reins; elle séjourne dans la vessie avant 'être expulsée.*

Toutes les sécrétions contribuent à la dépuration du sang.

SEPTIÈME LEÇON

Système nerveux.

I. **Définition.** — Le système nerveux commande à tous les actes ue nous accomplissons.

Il se compose de l'**encéphale**, de la **moelle épinière** et des **erfs**.

II. **Encéphale.** — L'encéphale est conenu dans la cavité du crâne; il comprend e cerveau, le cervelet et la moelle allongée fig. 97).

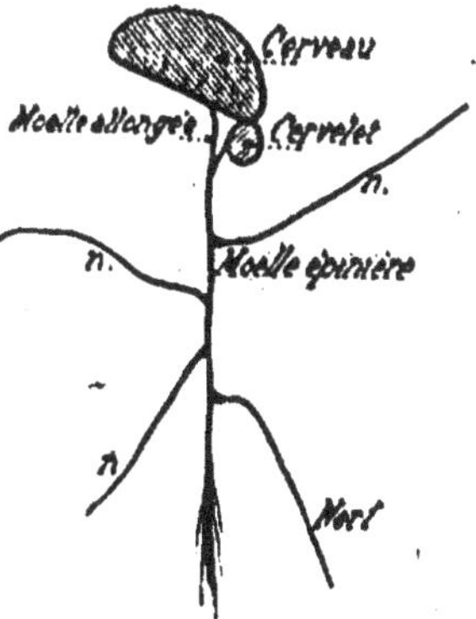

Fig. 97. — Schéma du système nerveux.

Cerveau. — Le cerveau remplit toute la artie supérieure du crâne. Sa surface extéieure est hérissée de saillies appelées **irconvolutions**. C'est l'organe où se entralisent toutes les perceptions; c'est le oint de départ de la volonté, le siège de 'instinct et de l'intelligence. Le poids moyen u cerveau humain est de 1 200 grammes; elui de Cuvier pesait 1 830 grammes.

Cervelet. — Le cervelet est placé sous la partie postérieure du erveau. C'est lui qui dirige nos mouvements, qui les coordonne.

Moelle allongée. — La moelle allongée est formée par quatr cordons nerveux; deux sont fournis par le cerveau et deux par l cervelet. La destruction de la moelle allongée en un certain poir détermine instantanément la mort.

III. **Moelle épinière.** — La moelle épinière est un long cordo blanc, cylindrique, logé dans le canal vertébral. Elle conduit a cerveau les impressions recueillies par les nerfs et leur transme les ordres de la volonté.

IV. **Nerfs.** — Les nerfs sont des cordons blancs qui naissent d cerveau, de la moelle allongée ou de la moelle épinière pour se dis tribuer dans toutes les parties du corps; on les divise en nerf **crâniens** et en nerfs **spinaux**.

Les nerfs crâniens sont ceux qui naissent du cerveau et de l moelle allongée. On en compte douze paires.

Les nerfs spinaux proviennent de la moelle épinière; il y en trente et une paires chez l'homme.

Les nerfs transmettent les impressions qu'ils reçoivent au cervea et les ordres de la volonté aux organes dans lesquels ils se renden

V. **Enveloppes du cerveau.** — L'encéphale et la moelle épi nière sont enveloppés et protégés par trois membranes qu'o appelle les **méninges**. Leur inflammation provoque ce qu'o nomme la méningite.

RÉSUMÉ

Le **système nerveux** *commande à tous les actes de la vie. Il com prend le cerveau, le cervelet, la moelle allongée, la moelle épinière e les nerfs.*

Le **cerveau** *est le point de départ de la volonté, le siège de l'ins tinct et de l'intelligence.*

Le **cervelet** *coordonne les mouvements.*

La **moelle épinière** *conduit au cerveau les impressions recueillie par les* **nerfs spinaux**, *auxquels, d'autre part, elle transmet le ordres de la volonté.*

Les **nerfs crâniens** *sont des cordons qui conduisent directemen au cerveau les impressions qu'ils reçoivent; en retour ils transmetten les ordres de la volonté aux organes où ils aboutissent.*

HUITIÈME LEÇON

Les sens.

I. **Définition.** — Les organes des sens sont des appareils qui mettent les animaux en rapport avec les objets qui les environnent. — L'homme et les animaux possèdent cinq sens : le toucher, le goût, l'odorat, la vue et l'ouïe.

Toucher. — Le toucher s'exerce par l'intermédiaire de la peau qui couvre tout notre corps; mais son principal organe est la main, laquelle jouit d'une plus grande sensibilité.

Goût. — Le goût est la faculté de percevoir les saveurs. Ce sens important a son siège à la surface de la langue et de la membrane qui tapisse la bouche.

Pour qu'une substance impressionne la langue, il faut qu'elle soit soluble dans l'eau ou dans la salive.

Odorat. — L'odorat est la faculté de percevoir les odeurs que les corps dégagent. Le nez est l'organe de l'odorat.

Vue. — Le sens de la vue a pour organes les yeux (fig. 98). C'est

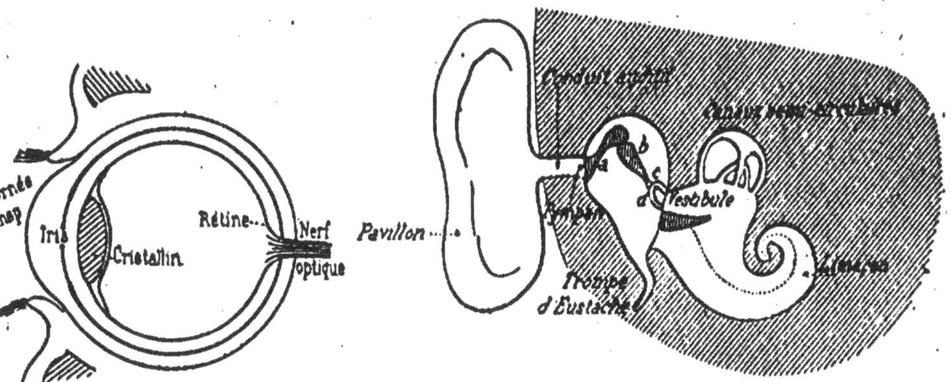

Fig. 98. — Schéma de l'œil. Fig. 99. — Schéma de l'oreille.

la rétine de l'œil qui transmet au cerveau, par l'intermédiaire du nerf optique, les impressions qu'elle reçoit.

L'œil est sujet à deux imperfections qu'on appelle **presbytisme** et **myopie**.

Ouïe. — L'ouïe a pour objet de percevoir les sons; ce sens a pour organe l'oreille.

L'oreille se divise en trois parties : l'oreille externe, l'oreille moyenne et l'oreille interne.

L'oreille externe se compose du pavillon et du conduit auditif (fig. 99).

L'oreille moyenne présente deux membranes : la membrane du tympan en dehors, et la membrane de la fenêtre ronde en dedans. Elle renferme la chaîne des osselets, qui sont au nombre de quatre : le marteau, l'enclume, l'os lenticulaire et l'étrier (fig. 99).

L'oreille interne est composée de trois parties : le vestibule, les canaux semi-circulaires et le limaçon.

FONCTIONS DE L'OREILLE. — Le pavillon reçoit les sons et les transmet par le conduit auditif à la membrane du tympan, qui entre en vibration et communique son mouvement à la chaîne des osselets. Les vibrations arrivent à la fenêtre ovale. De ce point, elles gagnent le labyrinthe et le limaçon, où les extrémités du nerf auditif les recueillent pour les porter au cerveau.

RÉSUMÉ

Les organes des sens mettent les animaux en rapport avec les objets qui les environnent. L'homme et les animaux ont cinq sens : le toucher, le goût, l'odorat, la vue et l'ouïe.

Le **toucher** *s'effectue par la peau qui couvre tout notre corps et particulièrement par la main.*

*L'***odorat** *s'exerce par le nez.*

Le **goût** *a pour organe la bouche.*

La **vue** *a pour organes les yeux.*

*L'***ouïe** *a pour organe l'oreille, qui se divise en trois parties : l'oreille externe, l'oreille moyenne et l'oreille interne.*

MARS

PROGRAMME. — Division des animaux en vertébrés, annelés, mollusques, zoophytes.
Division des vertébrés en mammifères, oiseaux, reptiles, batraciens et poissons.
Principaux mammifères : bimanes, quadrumanes, carnivores, etc. Caractères et sujets principaux.

PREMIÈRE LEÇON

Division des animaux en vertébrés, annelés, mollusques, zoophytes.

Il existe cent vingt mille espèces animales aujourd'hui connues; aussi a-t-on cherché à les classer, à les réunir par groupes pour en rendre l'étude plus facile.

Georges Cuvier imagina, en 1812, une classification qui est encore la base des classifications actuelles. Ses études l'amenèrent à classer les animaux en **embranchements**. Les animaux d'un même embranchement sont **créés** sur le même modèle et ne présentent entre eux que des différences légères.

Fig. 100. — Chien.

Embranchements de Cuvier. — Voici les noms et les caractères des quatre embranchements de Cuvier.

1er embranchement. — Les **Vertébrés** ont une charpente intérieure solide, appelée **squelette**; tous ont le sang rouge, mis en mouvement par un cœur musculeux; deux mâchoires placées l'une au-dessus de l'autre et les organes des sens distincts. Exemples : le chat, le chien (fig. 100), le bœuf, etc.

2e embranchement. — Les **Mollusques** n'ont pas de squelette intérieur; leur peau est molle et visqueuse; ils sont le plus souvent

Fig. 101. — Limaçon.

Fig. 102. — Araignée.

Fig. 103. — Étoile de mer

pourvus d'une coquille formée d'une seule pièce (limaçon, fig. 101) ou de deux pièces (moule).

3e embranchement. — Les **Annelés** n'ont pas de squelette osseux; leur corps est divisé en anneaux situés les uns au bout des autres, comme chez l'araignée et la sangsue (fig. 102).

4e embranchement. — Les **Zoophytes** n'ont aucun des caractères pouvant les faire placer dans un des embranchements précédents. Exemples : l'étoile de mer (fig. 103), la méduse, etc.

RÉSUMÉ

Georges Cuvier imagina en 1812 de classer tous les animaux qui sont sur la terre en quatre embranchements : les ***vertébrés****, les* ***mollusques****, les* ***annelés*** *et les* ***zoophytes****.*

Cette classification est basée sur les caractères distinctifs que présentent le squelette et le système nerveux.

DEUXIÈME LEÇON

Division des vertébrés en mammifères, en oiseaux, reptiles, batraciens, poissons.

I. — On peut observer chez les vertébrés des différences très frappantes. Si l'on compare un chat (fig. 104), une poule (fig. 105), un lézard (fig. 106), une grenouille (fig. 107) et une carpe (fig. 108), on trouve chez tous ces vertébrés des caractères différents. Le chat a

Fig. 104. — Chat.

Fig. 105. — Poule.

Fig. 106. — Lézards.

le corps couvert de poils, la poule a des plumes, le lézard et la grenouille ont la peau nue et la carpe a le corps couvert d'écailles. On peut se baser sur ces particularités pour classer les vertébrés.

II. **Allaitement et œufs.** — Une chatte allaite ses petits tandis que la poule pond des œufs qu'elle couve. Les poussins prennent tout de suite leur nourriture sans être allaités par leur mère : d'où une nouvelle distinction. Le lézard, la grenouille et la carpe pondent aussi des œufs.

III. **Respiration dans l'air et dans l'eau.** — Le chat, la poule, le lézard respirent dans l'air; la carpe, au contraire, respire dans l'eau. Quant à la grenouille, lorsqu'elle sort de l'œuf, elle respire dans l'eau; ce n'est

Fig. 107. — Grenouille.

Fig. 108. — Carpe.

que plus tard qu'elle respire dans l'air. Il y a là encore des différences faciles à observer.

En se basant sur ce qui vient d'être examiné, on a divisé les vertébrés en cinq groupes.

1er groupe : **Mammifères.** — Ils sont couverts ordinairement de poils et les petits sont allaités par leur mère. Exemples : la vache, le chat, le lapin, la souris, etc.

2e groupe : **Oiseaux.** — Ils ont des plumes et pondent des œufs. Exemples : le pigeon, la poule, le canard, le serin, etc.

3e groupe : **Reptiles.** — Ils n'ont ni poils, ni plumes, ni écailles et respirent toujours dans l'air. Exemples : le lézard, le serpent, etc.

4e groupe : **Batraciens.** — Ils n'ont ni poils, ni plumes, ni écailles et respirent dans l'eau lorsqu'ils sont jeunes et plus tard dans l'air. Exemples : la grenouille, le crapaud, etc.

5e groupe : **Poissons.** — Ils ont le corps recouvert de vraies écailles placées comme les tuiles sur les toits et respirent toujours dans l'eau. Exemples : la carpe, le brochet, la sardine, etc.

RÉSUMÉ

Les vertébrés présentent entre eux des différences qui ont permis de les partager en groupes.

L'examen de la peau, le mode d'allaitement, la façon dont les animaux respirent, ont particulièrement servi à faire ce classement.

On a divisé les vertébrés en cinq groupes : les **mammifères**, *les* **oiseaux**, *les* **reptiles**, *les* **batraciens** *et les* **poissons**.

TROISIÈME LEÇON

Principaux mammifères.

I. **Quadrumanes.** — Cet ordre renferme les singes, qui sont divisés en singes de l'ancien continent et en singes du nouveau continent. Les singes de l'ancien continent n'ont pas de queue prenante. Dans ce groupe, on remarque des animaux de cinq ou six pieds de haut que l'on a longtemps regardés comme appartenant à une race d'hommes dégénérés, d'où leur nom d'**hommes des bois**. Les plus remarquables sont le gorille (fig. 109), l'orang-outang (fig. 110) et le chimpanzé (fig. 111). Leur force est prodigieuse. Ces animaux se nourrissent de fruits.

Les singes du nouveau continent ont une queue prenante, qu'ils enroulent autour des branches pour monter ou pour descendre. Les principaux sont les alouattes, les makis et les ouistitis (fig. 112).

II. **Chéiroptères.** — Dans cet ordre, on remarque les chauves-souris (fig. 113) qui ont les membres antérieurs transformés en ailes; ce sont des animaux hibernants. Les chauves-souris ne sortent que

Fig. 109. — Gorille : haut. 2 m.

Fig. 110. — Orang-outang : haut. 1 m. 40.

le soir et pendant les temps chauds. Elles se nourrissent d'insectes.

III. **Insectivores.** — Il y a en Europe trois espèces d'insectivores : le hérisson, la taupe et la musaraigne.

Le hérisson (fig. 114) a le corps recouvert de piquants; il vit dans

Fig. 111. — Chimpanzé : haut. 1 m. 50.

Fig. 112. — Ouistiti.

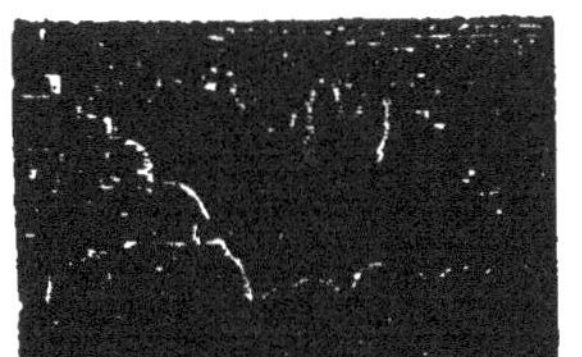

Fig. 113. — Chauve-souris : long. 0 m. 06.

les bois; pendant le jour, il se retire dans les haies ou dans les buissons et se met en boule pour se défendre contre les attaques de ses ennemis. Il se nourrit de limaçons : c'est donc un animal très utile dans les jardins.

Fig. 114. — Hérisson : long. 0 m. 35.

Fig. 115. — Taupe : long. 0 m. 12.

La taupe (fig. 115) creuse des galeries dans le sol ; elle se nourrit d'insectes, de vers, de larves.

Les musaraignes (fig. 116) vivent dans les jardins et au bord des fossés où elles creusent leurs galeries. Elles ont une odeur musquée qui répugne au chat.

Les musaraignes sont des animaux inoffensifs, qui se nourrissent d'insectes.

IV. Carnivores plantigrades. — Les carnivores se nourrissent de chair. Certains marchent sur la plante du pied (fig. 117), d'où leur nom de plantigrades. Dans cette tribu, on trouve l'ours et le blaireau.

Fig. 116. — Musaraigne : long. 0 m. 06.

Fig. 117. — Patte de plantigrade.

Il y a de nombreuses espèces d'ours ; les plus répandus sont l'ours blanc et l'ours brun (fig. 118 et 119).

L'ours blanc (fig. 119) vit dans les mers polaires, sur les îles de glace; il se nourrit de poissons et de phoques; il nage avec une grande facilité.

L'ours brun habite les montagnes et les forêts; il se retire dans

Fig. 118. — Ours brun : haut. 1 m. 10.

des cavernes ou dans le creux des arbres; il se nourrit de fruits et aime beaucoup le miel.

Le blaireau (fig. 120) habite les grandes forêts de l'Europe, où il

Fig. 119. — Ours blanc : haut. 1 m. 20.

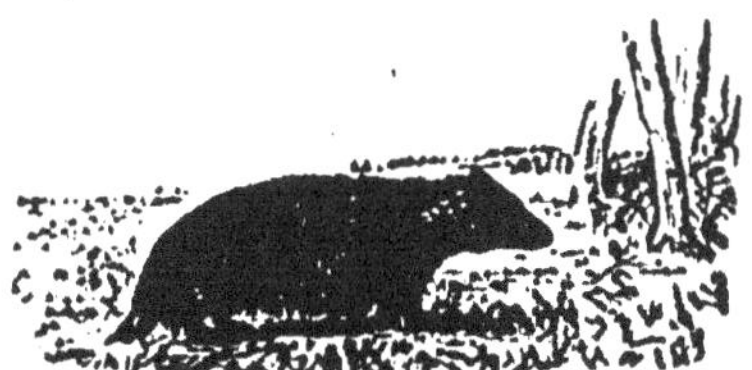

Fig. 120.— Blaireau : haut. 0 m. 33

se creuse des terriers; il se nourrit d'insectes, de mammifères et d'oiseaux; son poil sert à fabriquer des pinceaux.

RÉSUMÉ

*Les **singes** se divisent en deux groupes : les singes de l'ancien continent et les singes du nouveau continent.*

Les principaux singes de l'ancien continent sont le gorille, l'orang-outang et le chimpanzé.

Les makis et les ouistitis, singes du nouveau continent, ont la queue prenante.

Les **chauves-souris** *sont des animaux utiles se nourrissant d'insectes.*

Le **hérisson**, *la* **taupe** *et la* **musaraigne** *nous rendent également des services en détruisant un grand nombre d'insectes nuisibles.*

Les **carnivores plantigrades** *marchent sur la plante des pieds : tels sont l'ours, le blaireau, etc.*

QUATRIÈME LEÇON

Carnivores digitigrades.

Les carnivores digitigrades sont ceux qui marchent sur l'extrémité des doigts; on les a divisés en trois familles : 1° les vermiformes; 2° les chiens; 3° les chats.

1° **Famille des vermiformes.** — Les vermiformes sont de petits carnassiers au corps allongé et effilé; ils s'introduisent dans

Fig. 121. — Belette : long. 0 m. 25.

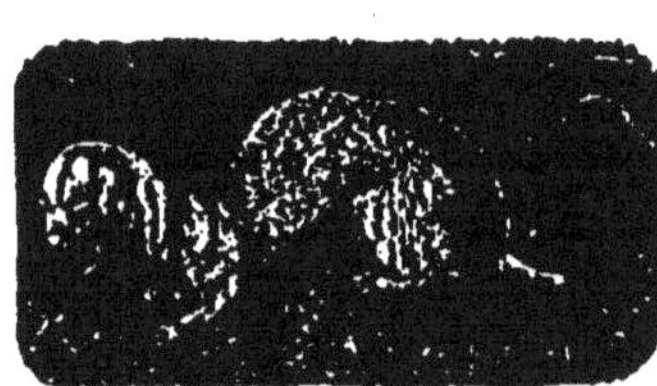

Fig. 122. — Hermine : long. 0 m. 35.

Fig. 123. — Putois : long. 0 m.

les plus petits trous. C'est, par rang de taille, la belette, l'hermine, le furet, le putois, la fouine, la loutre, etc.

La belette (fig. 121) et l'hermine (fig. 122) se nourrissent de souris et de rats; elles attaquent aussi les volailles, les lapins, les lièvres dont elles sucent le sang.

Le furet est employé à la chasse du lapin.

Le putois (fig. 123) vit autour de nos habitations, sous les meules de fagots ou dans les greniers. Il mange les œufs du poulailler. On le prend au piège; sa peau sert à la confection de beaux manchons.

La fouine (fig. 124) est recherchée pour sa fourrure.

La loutre a des doigts palmés (fig. 125) ; elle se nourrit de pois-

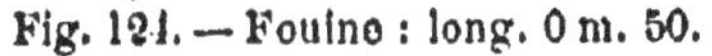

Fig. 124. — Fouine : long. 0 m. 50.

Fig. 125. — Loutre : long. 0 m. 90.

sons et peut être employée pour la pêche quand elle est apprivoisée.

2° **Famille des chiens.** — Cette famille renferme le chien, le loup, le chacal et le renard. Ces animaux peuvent contracter spontanément la rage.

Le loup (fig. 126) a beaucoup de force, surtout dans les muscles

Fig. 126. — Loup : haut. 0 m. 80.

Fig. 127. — Renard : haut. 0 m. 38.

du cou et de la mâchoire. Il porte un mouton avec la gueule sans le laisser toucher à terre.

Le chacal habite l'Afrique ; il est très commun aux environs des grandes villes, dans lesquelles il pénètre la nuit pour se nourrir des débris qu'il rencontre çà et là dans les rues.

Le renard (fig. 127) s'installe dans les bois voisins des villages; la nuit, il s'approche des habitations en rampant et enlève quelque pièce de basse-cour; il se met aussi à l'affût et saisit les lièvres, les lapins et même les perdreaux. Il aime le miel.

Fig. 128. — Lion : haut. 1 m.

3° Famille des chats. — Cette famille renferme un grand nombre d'animaux pouvant faire « patte de velours ». Les plus remarquables sont le lion, le tigre, la panthère, le léopard, etc.

Le lion (fig. 128) habite l'Asie et l'Afrique; il guette patiemment sa proie et s'élance sur elle en un seul bond de dix à quinze mètres. Il ne se nourrit que de proies vivantes, abandonne le reste quand il a assouvi sa faim et y revient seulement quand sa chasse a été infructueuse et que l'appétit l'aiguillonne Il s'apprivoise assez facilement et reçoit volontiers les caresses comme le chat.

Fig. 129. — Tigre : haut. 0 m. 80.

Fig. 130. — Panthère : haut. 0 m. 70.

Le tigre (fig. 129) habite l'Inde; il est plus fort et plus féroce que le lion.

La panthère (fig. 130), qui est beaucoup plus petite que le lion, a un pelage fauve maculé de taches noires; elle habite les forêts de l'Afrique, grimpe sur les arbres et paraît être plus dangereuse que le lion.

RÉSUMÉ

Les **carnivores digitigrades** *sont ceux qui marchent sur l'extré-ité des doigts; on les a divisés en trois familles : 1° les* **vermi-ormes**; *2° les* **chiens**; *3° les* **chats**.

Les **vermiformes** *sont de petits carnivores au corps allongé; s'introduisent dans les plus petits trous; tels sont la belette, hermine, le putois, le furet, la fouine, la loutre, etc.*

La famille des **chiens** *comprend le loup, le chacal, le renard et le ien.*

La famille des **chats** *comprend le lion, le tigre, la panthère, le opard, etc.*

CINQUIÈME LEÇON

Principaux mammifères (*suite*).

V. **Rongeurs**. — Les rongeurs ont des incisives très longues t très développées à l'aide desquelles ils divisent les matières égétales les plus dures.

Les principaux sont l'écureuil, la marmotte, le castor, le rat, le loir, la souris, le lapin, le lièvre, etc.

1° L'*écureuil* (fig. 131) est un des plus gracieux habitants de nos forêts;

Fig. 131. — Écureuil : long. 0 m. 25.

Fig. 132. — Marmotte : long. 0 m. 35.

l confectionne avec des branchages et des feuilles des nids ana-ogues à ceux des oiseaux. Il amasse des provisions de noisettes our l'arrière-saison et s'engourdit pendant l'hiver. Son poil est mployé à faire des pinceaux.

2° La *marmotte* (fig. 132) habite les Alpes; elle vit dans des terriers et se nourrit de matières végétales.

3° Le *porc-épic* (fig. 133) a le corps couvert de longues épines cornées; il vit dans un terrier et se nourrit d'herbes et de fruits.

Fig. 133. — Porc-épic : long. 0 m. 65.

Fig. 134. — Castor : long. 0 m. 80.

4° Le *castor* (fig. 134) a la queue aplatie et couverte d'une peau écailleuse; ses pieds de derrière sont palmés. Les castors se rassemblent vers la fin de juillet au nombre de deux ou trois cents scient et abattent des arbres avec lesquels ils construisent des digues au travers des rivières, et des cabanes à plusieurs étages ils gâchent la terre avec leurs pattes et la battent avec leur queue.

Fig. 135. — Rat gris : long. 0 m. 20.

Fig. 136. — Loir : long. 0 m. 16.

Fig. 137. — Campagnol : long. 0 m. 08.

5° Le *surmulot* (fig. 138), ou gros rat gris, arriva en France vers 1750 dans la coque des navires faisant le commerce de l'Inde. Il s'est propagé en Europe avec une rapidité prodigieuse; il a pluurs portées chaque année et fait jusqu'à 16 et 18 petits; cet imal, très carnassier, creuse les murailles, s'établit dans nos bitations, étrangle les lapins et les volailles, grimpe dans les geonniers et tue en quelques jours des ntaines de pigeons.

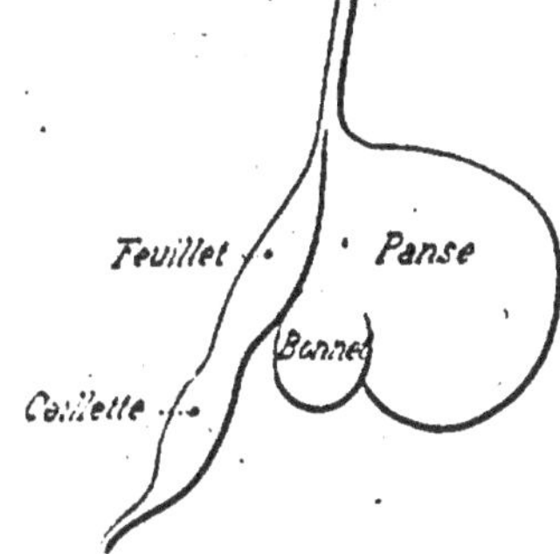

Fig. 138. — Schéma de l'estomac des ruminants.

Le *loir* (fig. 136) et le *lérot* vivent ns les jardins et se nourrissent de uits.

Les *mulots*, les *souris* et les *cam-gnols* (fig. 137) habitent les champs quantité considérable et causent de ands dégâts dans les années sèches.

VI. **Ruminants**. — Les ruminants alent une première fois l'herbe sans mâcher; puis, quand ils en ont pris ne quantité suffisante, ils se couchent ordinairement et la font monter dans la bouche; c'est alors qu'ils mâchent en faisant lancer leur mâchoire inférieure de droite à gauche; bientôt ils avalent pour la deuxième fois leurs aliments qui seront alors digérés. Les ruminants ont quatre estomacs : la panse, le bonnet, le feuillet et la caillette (fig. 138).

Les ruminants, genre bœuf, ont les cornes

Fig. 139. — Girafe : haut. 6 m.

Fig. 140. — Cerf : haut. 1 m. 50.

reuses. On remarque, dans cette tribu : le bœuf ordinaire, le ison, la vache grognante, le buffle, animal rustique qui se con-ente d'une nourriture grossière, et l'auroch, qui habite les forêts de la Pologne. Le bouquetin, le mouton, la chèvre appartiennent à cette tribu.

La girafe a la tête portée sur un cou très long (fig. 139), ce qui lui permet de se nourrir des feuilles des arbres.

Fig. 141. — Dromadaire : haut. 2 m. 25.

Les ruminants à bois sont ceux dont les cornes tombent et repoussent chaque année. Tels sont le chevreuil, le cerf (fig. 140) et le renne.

Le chameau et le dromadaire (fig. 141) sont dépourvus de cornes; ils mettent en réserve dans leur estomac assez d'eau pour traverser le désert sans boire. Lorsque la soif se fait sentir, ils font remonter dans leur estomac une petite quantité d'eau qui les rafraîchit et favorise la rumination.

Les Arabes se nourrissent de la chair et du lait du dromadaire ; son poil et son cuir sont utilisés.

RÉSUMÉ

Les **rongeurs** *ont des incisives très longues et très développées; les principaux sont l'écureuil, la marmotte, le castor, le rat, le loir, le mulot, la souris, le campagnol, le lapin et le lièvre.*

Les **ruminants** *ont un estomac à quatre cavités : la panse, le bonnet, le feuillet et la caillette.*

Certains ruminants ont des cornes creuses, d'autres ont des « bois »; plusieurs sont dépourvus de cornes.

Les principaux ruminants à cornes creuses sont : le bœuf ordinaire, le bison, le buffle, l'auroch, le mouton, etc.

La girafe a le cou très long.

Le cerf, le chevreuil et le renne ont des bois.

Le chameau et le dromadaire n'ont pas de cornes. Ce sont des animaux très utiles.

SIXIÈME LEÇON

VII. Proboscidiens. — Cet ordre comprend l'éléphant (fig. 142). Ces animaux ont une trompe qui leur sert à prendre leurs aliments. Leur mâchoire supérieure est pourvue de défenses en ivoire qui atteignent jusqu'à 3 mètres de longueur et pèsent 60 à 100 kilogrammes.

Fig. 142. — Éléphant : haut. 5 m.

On connaît deux espèces d'éléphants : l'éléphant gris, originaire de l'Inde, où il est utilisé comme bête de somme, et l'éléphant noir d'Afrique, plus petit que le premier, auquel on fait une guerre acharnée pour ses défenses.

Les éléphants vivent en troupes assez nombreuses, conduites par un chef, et changent souvent de localité ; ils consomment une grande quantité de fourrages et en détruisent avec leurs pieds encore plus qu'ils n'en mangent.

L'éléphant porte 1 800 kilogrammes de marchandises et peut faire 24 lieues par jour ; son pas est presque aussi rapide que le trot d'un cheval. Il est d'un naturel doux et patient ; mais dans la colère il est très dangereux. Ayant beaucoup de mémoire, il

Fig. 143. — Rhinocéros : haut. 1 m. 50.

Fig. 144. — Hippopotame : haut. 1 m. 70.

reconnaît facilement les personnes qui le caressent ou lui donnent des friandises et se venge tôt ou tard des mauvais procédés qu'il a subis.

VIII. **Pachydermes.** — Les pachydermes sont des animaux à peau épaisse. On remarque dans cette famille le rhinocéros, l'hippopotame, le sanglier et le porc domestique.

Le rhinocéros (fig. 143) porte sur le nez une ou deux cornes.

L'hippopotame (fig. 144) a la peau extrêmement épaisse; il vit dans les lacs et les grands fleuves de l'Afrique; il se nourrit de matières végétales et plonge avec une facilité surprenante. Sa chair est très recherchée.

Fig. 145. — Zèbre : haut. 1 m. 30.

IX. **Solipèdes.** — Cette famille renferme des animaux extrêmement utiles, comme le cheval, l'âne, le zèbre (fig. 145), originaire de l'Afrique.

RÉSUMÉ

*L'***éléphant** *a une trompe avec laquelle il prend ses aliments. Il en existe deux espèces : l'éléphant gris d'Afrique, élevé comme bête de somme, et l'éléphant noir d'Asie auquel on fait une chasse très active.*

Les **pachydermes** *ont la peau épaisse; les principaux sont le rhinocéros, l'hippopotame, le sanglier et le porc.*

Le cheval, l'âne, le zèbre, etc., sont des solipèdes.

SEPTIÈME LEÇON

Principaux mammifères (*suite*).

X. **Pisciformes** (*forme de poisson*). — Les pisciformes sont des mammifères ayant la forme de poisson. Les principaux sont la baleine, le cachalot, le narval, le marsouin et l'épaulard. La baleine (fig. 146) est le plus volumineux des mammifères; elle mesure 30 mètres de longueur, autant de circonférence et pèse jusqu'à 150 000 kilogrammes. Sa mâchoire supérieure est munie de fanons qui ont la forme d'une lame de faulx; on en compte parfois de 800 à

00 d'un seul côté; ils acquièrent jusqu'à 5 mètres de longueur. La ngue de la baleine est très développée; elle mesure 6 mètres de ng et 4 mètres de large. La chair de la baleine est huileuse; un seul animal fournit jusqu'à 120 tonnes d'huile.

Le cachalot (fig. 147) n'a pas

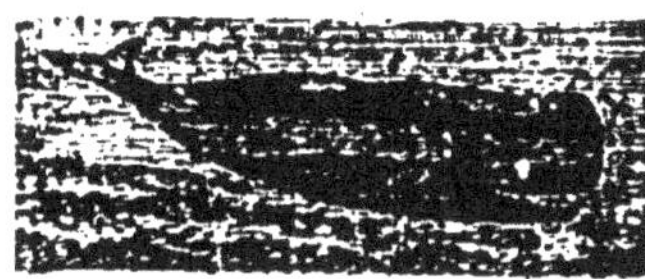

Fig. 146. — Baleine : long. 30 m.

Fig. 147. — Cachalot : long. 28 m.

e fanons; il atteint jusqu'à 28 mètres de longueur. Il est très carassier; il se nourrit de poissons et de mollusques marins; il vit ouvent en troupes qui poursuivent les requins ainsi que les jeunes aleines. Cet animal porte dans la tête une matière grasse appelée lanc de baleine qui sert à la fabrication de certaines bougies. ans son intestin, qui atteint 15 fois la longueur de on corps, s'accumule une ubstance odorante, l'ambre ris, recherchée pour la arfumerie et qu'on paye 0 à 70 centimes le gramme. r l'intestin du cachalot eut en contenir jusqu'à 0 kilogrammes.

Fig. 148. — Narval.

Le narval (fig. 148) ne ossède qu'une dent de mètres de longueur, implantée sur le nez.

Fig. 149. Marsouins : long. 1 m. 60.

Les marsouins (fig. 149) t les dauphins abondent ur nos côtes. Ces derniers nt l'habitude de suivre es navires pour recueillir les débris des repas.

Le dauphin conducteur habite les mers du Nord; il vit en troupes e plus de 500 individus. On rapporte que chaque troupe suit un chef qu'elle n'abandonne jamais; lorsque les pêcheurs parviennent à faire échouer le chef, toute la troupe vient échouer après lui sur le sable. — On en extrait de l'huile.

L'épaulard mesure 8 mètres de long; cet animal livre, dit-on, des combats terribles à la baleine.

RÉSUMÉ

Les **pisciformes** *sont des mammifères ayant la forme de poisson. Les principaux sont la baleine, le cachalot, le narval, le marsouin, le dauphin et l'épaulard.*

La baleine a 30 mètres de longueur; elle pèse jusqu'à 150 000 kilogrammes.

On lui fait la chasse pour son huile.

Le cachalot a 28 mètres; il donne le blanc de baleine et l'ambre gris.

Le narval possède une dent unique, de 3 mètres de longueur.

Les marsouins et les dauphins sont chassés pour leur huile.

L'épaulard est l'ennemi de la baleine.

HUITIÈME LEÇON

XI. **Amphibies.** — Les amphibies sont les phoques et les morses.

Les phoques (fig. 150) sont chassés pour extraire l'huile que contient leur chair; un seul animal en fournit plus d'une demi-tonne.

Fig. 150. — Phoque : long. variant de 1 m. 30 à 2 m. 50.

Fig. 151. — Morse : long. 6 m.

Le phoque est assez intelligent et facile à apprivoiser; il se nourrit de poissons. Sa peau poilue sert à couvrir les malles.

Los morses (fig. 151) mesurent 6 mètres de longueur; ils ont la âchoire supérieure armée de dents canines très puissantes, avec

Fig. 152. — Sarigue : haut. 0 m. 50.

Fig. 153. — Kangourou : haut. 1 m. 20.

squelles ils s'accrochent aux rochers pour sortir de l'eau. Ces ıimaux habitent les mers glaciales.

XII. **Marsupiaux.** — Les marsupiaux sont la sarigue et le ıngourou, qui vivent en Amérique et en Australie.

La sarigue (fig. 152) est un animal de la taille d'un chat. Ses etits, qui sont souvent au nombre de seize, ne pèsent pas plus d'une ngtaine de grammes au moment de leur naissance. Ils passent les remiers mois de leur existence dans une bourse que la mère a ous le ventre et qui protège les mamelles.

Le kangourou (fig. 153) est muni d'une queue très puissante; il ondit en s'appuyant sur les pieds e derrière et sur la queue. — Le angourou géant, qui pèse jusqu'à 00 kilogrammes et qui, assis, a la ille d'un homme, met au monde es petits qui ne dépassent pas la rosseur d'une petite souris.

Fig. 154. — Ornithorynque : long. 0 m. 35

XIII. **Monotrèmes.** — Les monotrêmes sont l'échidné, qu'on trouve ans les contrées montagneuses de Australie, et l'ornithorynque (fig. 54), qui habite les rivières et les lacs de ce même pays; il a un ec comparable à celui du canard. — Ces animaux sont comme le rait d'union entre les mammifères et les oiseaux.

RÉSUMÉ

Les **amphibies** *sont les phoques et les morses. Les phoques sont chassés pour extraire l'huile que contient leur chair; les morses ont des dents canines très puissantes.*

Les **marsupiaux** *sont la sarigue et le kangourou, qui vivent en Amérique et en Australie.*

La sarigue possède une poche sous le ventre pour abriter ses petits.

Les **monotrèmes** *sont l'échidné, qu'on trouve en Australie, et l'ornithorynque, qui habite les rivières et les lacs de ce même pays; il a un bec comparable à celui du canard.*

AVRIL

ROGRAMME. — Principaux oiseaux : Passereaux, Gallinacés, Palmipèdes. — Oiseaux de proie diurnes et nocturnes. — Principaux reptiles : Serpents venimeux et non venimeux. Tortue, Lézard, Couleuvre. — Principaux poissons. — Principaux insectes : Araignées. Vers. — Mollusques. — Zoophytes.

PREMIÈRE LEÇON

Oiseaux de proie diurnes et nocturnes. Passereaux et grimpeurs.

I. **Oiseaux de proie.** — Les oiseaux de proie ont les ongles

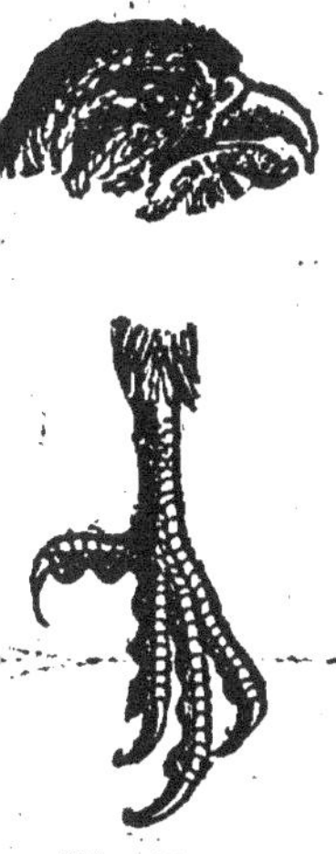

Fig. 155.

Fig. 156. — Vautour : long. 1 m. 15.

Fig. 157. — Chouette : long. 0 m. 30.

Fig. 158. — Hibou : long. 0 m. 40.

t le bec fortement crochus (fig. 155). Ils sont divisés en diurnes (qui volent pendant le jour) et en nocturnes (qui volent pendant la nuit).

Diurnes. — Les oiseaux de proie diurnes comprennent le vautour (fig. 156), le condor qui recherche les cadavres, l'aigle, les milans, les busards, les buses, les faucons, dont on a fait si longtemps usage pour la chasse. La plupart de ces oiseaux font une consommation considérable de gibier.

Fig. 159. — Pie-Grièche.

Fig. 160. — Martinet.

Fig. 161. — Patte de grimpeur.

Nocturnes. — Les oiseaux de proie nocturnes sont les chouettes (fig. 157) et les hiboux (fig. 158). Leurs yeux sont volumineux et ils redoutent toute lumière un peu vive. Leur plumage est plus fin et plus moelleux que celui des oiseaux de proie diurnes; et en volant, ils ne font pas le même bruit que ces derniers, ce qui leur permet de surprendre plus sûrement leur proie. Tous ces oiseaux détruisent une grande quantité de souris.

Fig. 162. — Pic : long. 0 m. 17.

II. **Passereaux**. — Les principaux passereaux sont les pies-grièches (fig. 159), qui se nourrissent d'insectes, mais attaquent quelquefois d'autres oiseaux ou de petits mammifères; le merle, la grive, le loriot, le gobe-mouche qui, ainsi que le rossignol, la fauvette, le rouge-gorge, le roitelet, la bergeronnette, ont un bec très petit pour saisir les insectes; le martinet (fig. 160), dont les ailes sont si longues et les pieds si courts qu'une fois à terre, il ne peut reprendre son vol; l'engoulevent i happe au vol les petits insectes s'engouffrant dans son bec urt, élargi et fendu profondément; le moineau, le pinson, le uvreuil, le serin, le chardonneret, la mésange, le sansonnet, pie, le geai, le corbeau, la corneille; le martin-pêcheur, qui ge avec la plus grande facilité, vit sur le bord des étangs ou des vières et fait sa nourriture d'insectes aquatiques et de petits issons qu'il pêche en plongeant, etc.

III. **Grimpeurs.** — Les grimpeurs ont deux doigts en avant et ux en arrière (fig. 161). Les principaux sont le pic-vert (fig. 162), i se sert, pour grimper, de sa queue comme point d'appui; les rroquets, les perruches et le coucou. Ce dernier dépose son œuf ns le nid d'autres oiseaux, qui le couvent et élèvent le petit comme il était le leur.

RÉSUMÉ

Les **oiseaux de proie** *ont les ongles et le bec fortement crochus. s sont divisés en* **diurnes** *et en* **nocturnes**. *Les principaux oiseaux proie diurnes sont le vautour, l'aigle, le condor, le faucon, la se.*

Les nocturnes comprennent les chouettes et les hiboux, qui font une ande consommation de souris. Les principaux passereaux sont la e-grièche, le merle, la grive, la fauvette, le rouge-gorge, le roitelet, bergeronnette, le martinet, l'engoulevent, le moineau, le pinson, etc.

Les **grimpeurs** *ont deux doigts en avant et deux en arrière : ce nt le pic-vert, le coucou, le perroquet, la perruche, etc.*

DEUXIÈME LEÇON

Gallinacés. Échassiers. Palmipèdes.

I. **Gallinacés.** — La plupart des gallinacés volent mal, aussi nstruisent-ils leur nid à terre; armés de pattes vigoureuses, ils attent le sol pour y chercher leur nourriture. La plupart, comme coq, ont plusieurs femelles; [illegible] aident en rien pour couver élever les petits. Ces dern[illegible] ent [illegible] chercher immédiatement leur nourriture en sortant de l'œuf. Le plumage du mâle es brillant; ces oiseaux ont l'esprit batailleur.

Fig. 163. — Paon : long. 2 m. 50.

Fig. 164. — Patte d'échassier.

Fig. 165. — Autruche long. 2 m. 50.

Le faisan, le dindon, le paon (fig. 163), la perdrix, la caille son des gallinacés proprement dits.

Les *Pigeons* comprennent le biset, le pigeon voyageur, l pigeon ramier, la tourterelle. Tous ces oiseaux n'ont qu'une seule femelle. Ils se construisent un nid grossier; leurs petits sont incapables de se suffire en naissant.

Fig. 166. — Poule d'eau.

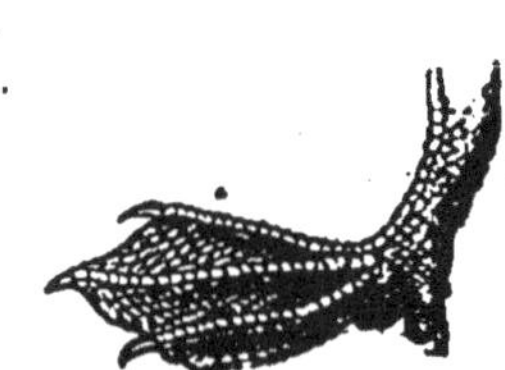

Fig. 167. — Patte de palmipède.

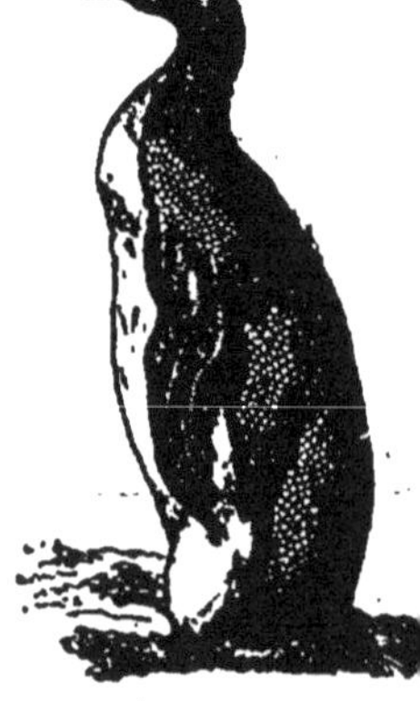

Fig. 168. — Manchot haut. 0 m. 60.

II. **Echassiers.** — Les échassiers ont les pattes fort longues e es jambes dépourvues de plumes à leur partie inférieure (fig. 164). Mais ce qui distingue facilement les échassiers des autres oiseaux, c'est que, lorsqu'ils volent, ils étendent leurs jambes en arrière, tandis que les autres oiseaux les reploient sous le ventre.

Certains échassiers ont des ailes courtes; ils ne volent pas; mais ce sont de puissants coursiers; tels sont l'autruche (fig. 165) et le casoar.

Les principaux échassiers sont l'outarde, le vanneau, le pluvier, la grue, le héron, la cigogne, le butor, qui fait entendre un cri que l'on compare à celui du taureau; la poule d'eau (fig. 166), la poule sultane et le râle ont les doigts très longs; ils marchent sur les herbes qui couvrent la surface de l'eau sans trop enfoncer.

Fig. 170. — Hirondelle de mer.

III. **Palmipèdes.** — Les palmipèdes ont les doigts palmés et les jambes emplumées (fig. 167).

On en remarque dont les ailes sont très courtes, comme le manchot (fig. 168), ou transformées en nageoires, comme le pingouin. D'autres, au contraire, ont des ailes très longues, comme l'albatros, l'hirondelle de mer (fig. 169), les mouettes, oiseaux marins de haut vol. Le cygne, l'oie, le canard sauvage, la sarcelle ont les côtés du bec garnis de petites lames cornées avec lesquelles ils divisent les herbes dont ils se nourrissent.

RÉSUMÉ

Les principaux **gallinacés** *sont le coq, le faisan, le dindon, le paon, la pintade, la perdrix, la caille, le pigeon et la tourterelle.*

Les **échassiers** *ont les pattes fort longues, dépourvues de plumes à leur partie inférieure. Les principaux échassiers sont l'autruche, le casoar, l'outarde, le vanneau, la grue, le pluvier, le héron, le butor, la poule d'eau et le râle.*

Les **palmipèdes** *ont les jambes emplumées et les doigts palmés. Les principaux sont le manchot, le pingouin, l'albatros, l'hirondelle de mer, le cygne, l'oie, le canard, etc.*

TROISIÈME LEÇON

Principaux reptiles.

I. **Tortues terrestres.** — L'espèce la plus répandue est la tortue grecque (fig. 170), qui se nourrit de matières végétales et de limaces. Elle est très commune dans le sud de l'Europe et acquiert 30 centimètres de longueur. Elle pond de 12 à 14 œufs du volume d'une noix; elle les couvre de terre et ils éclosent au mois de septembre, sous l'influence de la chaleur du soleil.

Fig. 170. — Tortue de terre : long. 0 m. 30.

Dans l'Inde, il existe une espèce de tortue terrestre, appelée éléphantine, qui acquiert le poids de 200 kilogrammes et atteint un mètre de longueur.

II. **Tortues marines.** — Cette famille renferme deux espèces remarquables : la tortue verte ou tortue franche et le caret.

Les tortues vertes acquièrent un poids de 400 kilogrammes et une longueur de 2 mètres. Leur chair et leurs œufs sont très estimés. Quand elles dorment au-dessus de l'eau, on les pêche en les retournant.

Le caret est recherché pour les plaques de sa carapace, utilisées pour la fabrication d'objets en écaille.

Crocodile. — Le crocodile (fig. 171) a 3 mètres de longueur; il

Fig. 171. — Crocodile : long. 3 m.

Fig. 172. — Caméléon : long. 0 m. 30.

se nourrit de poissons et de mammifères; il attaque les gazelles et les chiens lorsqu'ils s'abreuvent et l'homme lorsqu'il se baigne.

Caïman. — Le caïman ou alligator a le museau très large;

habite les fleuves de l'Amérique et atteint, dit-on, jusqu'à 7 mètres e longueur. Il vit en grandes troupes dans le Mississipi.

Caméléon. — Le caméléon (fig. 172) est une espèce de gros ézard à queue prenante, dont le corps, ouvert d'une peau chagrinée, change ouvent de couleur. La langue du caméléon est très longue; il la projette vec la rapidité d'une flèche sur les nouches dont il fait sa nourriture.

Fig. 173. — Lézards : long. 0 m. 30.

Lézards. — Les lézards (fig. 173) nt le corps très allongé; on en conait plusieurs espèces; le lézard gris de nos contrées se rencontre ans les forêts et sur les vieilles murailles. Les lézards vivent dans es terriers; la plupart des femelles pondent six ou huit œufs, u'elles déposent dans un trou.

RÉSUMÉ

Les principaux **reptiles** *sont les tortues, parmi lesquelles on emarque la tortue grecque, l'éléphantine, la tortue verte, qui pèse usqu'à 400 kilogrammes et que l'on chasse pour sa chair et ses eufs; le caret, dont les plaques de la carapace servent à la fabricaon d'objets en écaille.*

D'autres reptiles, le crocodile et le caïman, sont dangereux. Ces nimaux se nourrissent de poissons et de mammifères.

Le caméléon et le lézard sont inoffensifs.

QUATRIÈME LEÇON

Principaux reptiles (*suite*).

I. **Serpents non venimeux.** — Les principaux serpents non enimeux sont le python, le boa et la couleuvre.

Le boa et le python sont des animaux de grande taille, se nourissant de lapins, de gazelles et même d'animaux de la grosseur u mouton; ils enlacent leur proie de leurs anneaux qu'ils resserrent vec force pour l'étouffer. Certaines espèces couvent leurs œufs.

Les couleuvres (fig. 174) habitent de préférence les endroits humides, se cachent souvent sous les pierres ou au bord des ruisseaux et saisissent au passage les petits poissons, les vers, les grenouilles, les insectes.

Fig. 174. — Couleuvre.

Elles sont inoffensives.

II. Serpents venimeux.

Fig. 175. — Queue du serpent à sonnettes.

— Les principaux serpents venimeux sont le serpent à sonnettes et la vipère.

Le *serpent à sonnettes* (fig. 175), qui habite l'Amérique, atteint 1 m. 30 de longueur; il porte à l'extrémité de la queue des écailles cornées produisant un bruit de grelots. Son venin est d'une subtilité incroyable; on a vu des chiens périr quinze ou vingt secondes après avoir été mordus par un serpent à sonnettes.

La *vipère* (fig. 176) mesure ordinairement 40 à 50 centimètres de longueur; elle est brune et porte deux rangées de taches noires sur le dos; sa tête est large.

Fig. 176. — Vipère : long. 0 m. 50.

La vipère met au monde ses petits tout vivants; elle se nourrit de petits mammifères, d'insectes; elle guette sa proie, s'élance sur elle, la mord et attend pour l'engloutir que le poison l'ait tuée. Les vipères sont fort répandues en Europe; on les rencontre communément dans la forêt de Fontainebleau, en Champagne, dans le Midi. Leur morsure est très dangereuse. Les moyens propres à la combattre sont :

1° De sucer la plaie : cette opération n'offre aucun danger lorsque les lèvres et la bouche ne sont pas gercées;

2° D'ouvrir la morsure et d'y introduire de l'ammoniaque;

3° Enfin d'appliquer entre la plaie et le cœur une ligature assez serrée ; en desserrant le lien de temps en temps, le venin est absorbé peu à peu et ses effets sont moins funestes.

RÉSUMÉ

Les **serpents** *se divisent en serpents non venimeux et en serpents venimeux.*

Les serpents **non venimeux** *les plus connus sont le boa, le pithon et l'inoffensive couleuvre.*

Les principaux serpents **venimeux** *sont le serpent à sonnettes, dont le venin est d'une subtilité incroyable, et la vipère, dont la morsure est fort dangereuse.*

Quand on a été mordu par une vipère, il faut sucer la plaie, élargir la blessure et y verser de l'ammoniaque, ligaturer le membre entre la plaie et le cœur et desserrer de temps en temps.

CINQUIÈME LEÇON

Amphibiens : grenouilles et crapauds.

I. — Les œufs des amphibiens déposés dans l'eau donnent naissance à des têtards formés d'une tête et d'une queue (fig. 177).

A cette époque, la vie du têtard est exclusivement aquatique. Peu à peu la queue diminue de longueur et finit par disparaître complètement (fig. 178). En même temps, des poumons se forment et l'animal peut respirer dans l'air : il est alors à l'état parfait (fig. 179).

Fig. 177. Fig. 178.

Fig. 179. — Grenouille.

Les principaux amphibiens sont la grenouille et le crapaud. Les grenouilles les plus connues sont la grenouille verte ou aquatique et la grenouille rousse qui habite ordinairement les champs de trèfle et de luzerne. La grenouille coasse; le cri du mâle est beaucoup plus fort que celui de la femelle. La langue des grenouilles est épaisse, divisée en deux et attachée en avant de la bouche (fig. 180), de sorte que l'animal peut la projeter en dehors.

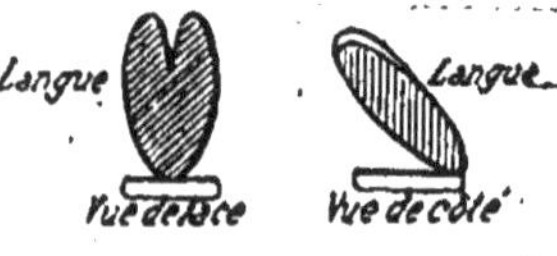

Fig. 180.

Les grenouilles rendent de grands services en détruisant une prodigieuse quantité de limaçons et d'insectes. On remarque aussi en Europe une petite grenouille verte, appelée *rainette*; ce petit animal a les doigts pourvus de ventouses, à l'aide desquelles il grimpe sur les arbres et même sur les corps lisses, tels que le verre; il fait entendre le soir un cri très retentissant et se nourrit d'insectes qu'il attrape avec une grande dextérité.

II. **Crapauds**. — Ces animaux, qui nous inspirent tant de répugnance, présentent cependant un grand intérêt; diverses espèces, telles que le crapaud commun, le crapaud brun, se nourrissent d'insectes et sont par conséquent très utiles dans les jardins.

Fig. 181. — Crapaud.

Le crapaud (fig. 181) n'est point dépourvu d'intelligence; il se met quelquefois à l'affût, près des ruches d'abeilles, pour saisir celles qui, étant blessées ou mortes, sont transportées hors de la ruche. Il jouit d'une force vitale très développée; après avoir été coupé en deux, il vit encore pendant plusieurs jours.

RÉSUMÉ

Les principaux **amphibiens** *sont les grenouilles et les crapauds.*

Les **grenouilles** *les plus communes sont la grenouille verte ou aquatique et la grenouille rousse des luzernes. Ces animaux rendent de grands services en détruisant une quantité prodigieuse de limaçons et d'insectes.*

La **rainette** *grimpe sur les arbres et fait entendre le soir un cri très retentissant.*

Les **crapauds** *se nourrissent d'insectes et sont par conséquent très* *utiles dans les jardins; les plus connus sont le crapaud commun et le crapaud brun.*

SIXIÈME LEÇON

Les poissons.

La bouche des poissons est garnie de dents nombreuses, pointues comme des aiguilles, dirigées d'avant en arrière. Les poissons ont sept nageoires (fig. 182); leur peau est recouverte d'écailles cornées. Ils ont une vessie natatoire (fig. 183) qui leur permet de s'élever ou de s'enfoncer dans l'eau. Ils n'ont pas de voix et sont fort peu intelligents. Ils se reproduisent par des œufs. Chaque année, ils accomplissent des voyages considérables à périodes fixes.

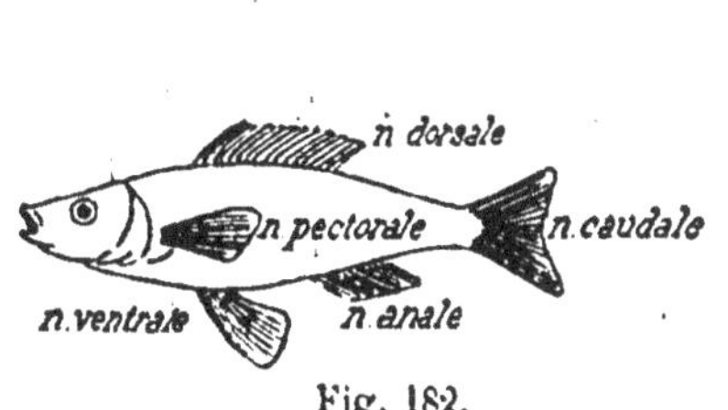

Fig. 182.

Fig. 183.

Les poissons les plus intéressants sont :

1° La *perche* (fig. 184); elle acquiert une longueur de 30 à 40 centimètres. C'est un carnivore vorace et fort recherché luimême pour sa chair;

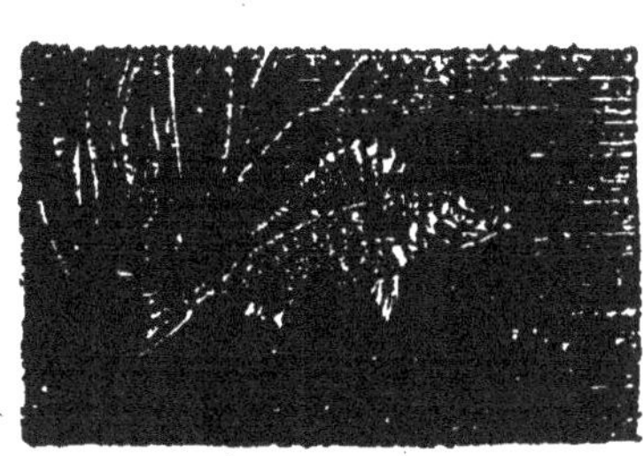

Fig. 184. — Perche.

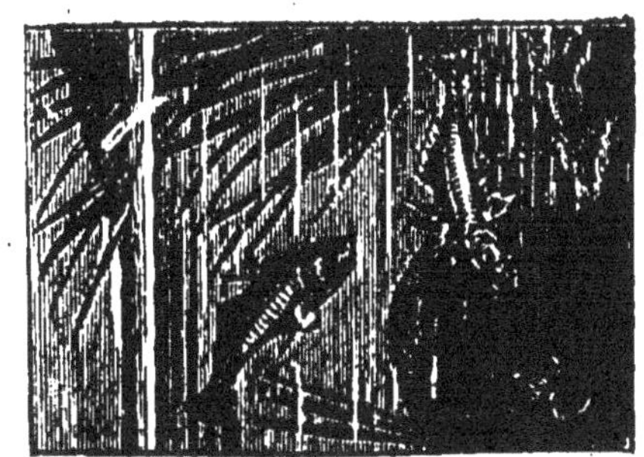

Fig. 185. — Épinoche.

2° L'*épinoche* (fig. 185); elle construit un nid dans lequel elle pond des œufs;

3° Le *rouget*, le *poisson volant des Indes*, le *maquereau* et le *thon*; ce sont des poissons de mer; ce dernier vit dans l'Océan

Fig. 186. — Brochet : long. 0 m. 70.

Fig. 187. — Morue : long. 1 m.

et la Méditerranée; on le pêche en grande quantité dans le voisinage de Constantinople;

4° Le *brochet* (fig. 186); c'est le requin de nos rivières; il peut atteindre 2 mètres de longueur;

5° La *carpe* à chair délicate;

6° La *tanche*, qui a de 20 à 30 centimètres de longueur; elle se plaît dans les eaux bourbeuses et sans courant; sa chair est estimée;

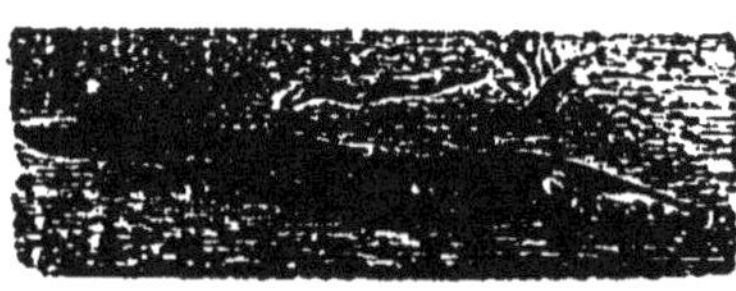

Fig. 188. — Anguille : long. 0 m. 40 à 1 m.

7° La *morue* (fig. 187). Chaque année les ports de France arment un certain nombre de navires qui vont sur les côtes d'Islande et à Terre-Neuve se livrer à la pêche de la morue, que l'on sale pour les besoins de la consommation. Les foies de ces poissons sont mis à part pour servir à la fabrication de l'huile de foie de morue;

8° Les *anguilles* (fig. 188), qui se reproduisent en grande quantité à l'embouchure des fleuves;

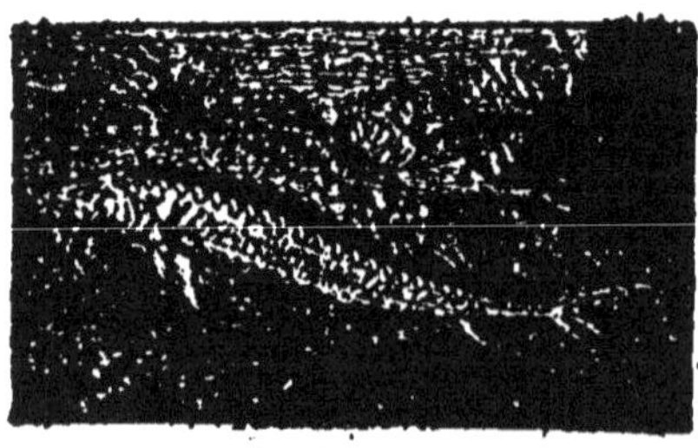

Fig. 189. — Esturgeon : long. 5 à 6 m.

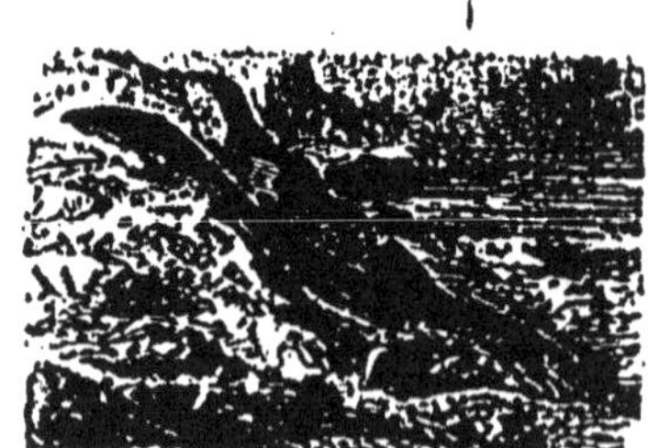

Fig. 190. — Requin : atteint 9 m.

9° L'*esturgeon*, poisson gigantesque de 5 à 6 mètres de longueur (fig. 189), et pouvant acquérir un poids de 500 à 600 kilogrammes.

Il habite les grands fleuves du nord de l'Europe. Sa chair, assez bonne à manger, ressemble à celle du veau; sa vessie natatoire sert à fabriquer la colle de poisson que l'on emploie pour le collage de la bière;

10° Le *requin* (fig. 190), qui mesure jusqu'à 9 mètres de longueur. Cet animal, d'une voracité incroyable, se jette sur les matelots qui tombent à la mer.

RÉSUMÉ

*Les **poissons** ont des dents pointues comme des aiguilles; ils possèdent sept nageoires; leur peau est recouverte d'écailles; ils ont une vessie natatoire; ils se reproduisent par des œufs.*

Les poissons les plus intéressants sont :

La perche, fort recherchée pour sa chair; l'épinoche, le rouget, le maquereau, le thon, le brochet très vorace, la carpe à chair délicate; la tanche, la morue, qu'on pêche en Islande et à Terre-Neuve; l'esturgeon, dont on utilise la chair; sa vessie natatoire sert à la fabrication de la colle de poisson; et enfin le requin, si terrible aux marins.

SEPTIÈME LEÇON

Principaux insectes. Araignées. Vers.

I. **Insectes.** — Les insectes broyeurs ont des mâchoires, les insectes suceurs ont une trompe (fig. 101). Le corps de ces animaux est formé de trois parties : la tête, le thorax et l'abdomen (fig. 102).

La tête porte les yeux et les antennes.

Sur le thorax sont attachées les ailes et les pattes.

L'abdomen renferme les organes de la digestion.

Une patte d'insecte (fig. 103) comprend la hanche, la cuisse, la jambe et le tarse, qui sert de pied.

Fig. 101.

Les insectes subissent des métamorphoses; de l'œuf sort une chenille qui devient chrysalide, laquelle se transforme à son tour en insecte parfait (fig. 104).

Les principaux insectes **utiles** sont : les carabes (fig. 105), qui se nourrissent de chenilles et d'insectes; la cantharide, dont on fait des vésicatoires; les nécrophores, dont les larves dévorent les cadavres de taupes et de souris; la coccinelle, qui détruit les pucerons; l'ichneumon, dont la larve dévore les chenilles; les cynips, qui produisent la noix de galle; l'abeille, qui fournit le miel, et le bombyx du mûrier, qui produit la soie.

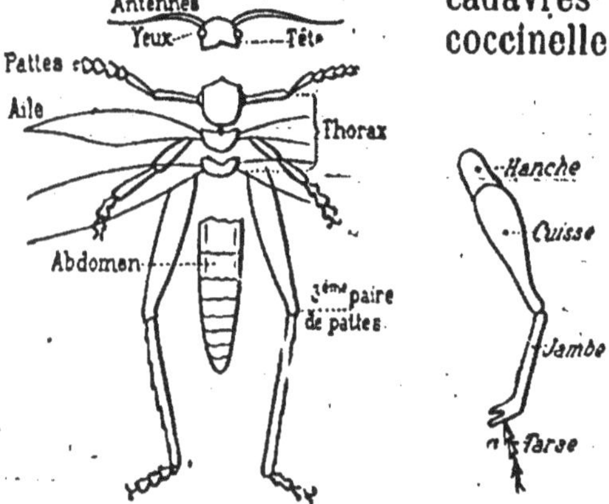

Fig. 192. — Insecte.

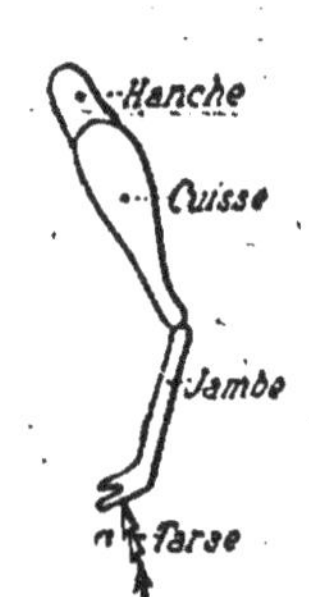

Fig. 193. — Patte d'insecte.

Les principaux insectes **nuisibles** sont le hanneton, le charançon (fig. 196), qui se nourrissent des racines des plantes ou de grains; la courtilière, qui coupe les racines des végétaux; les termites, qui creusent des galeries dans les bois de construction; les fourmis, qui dévorent les fruits.

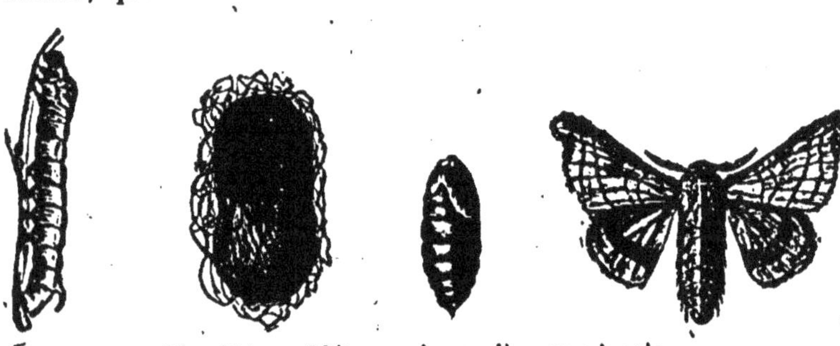

Fig. 194. — Métamorphoses d'un ver à soie.

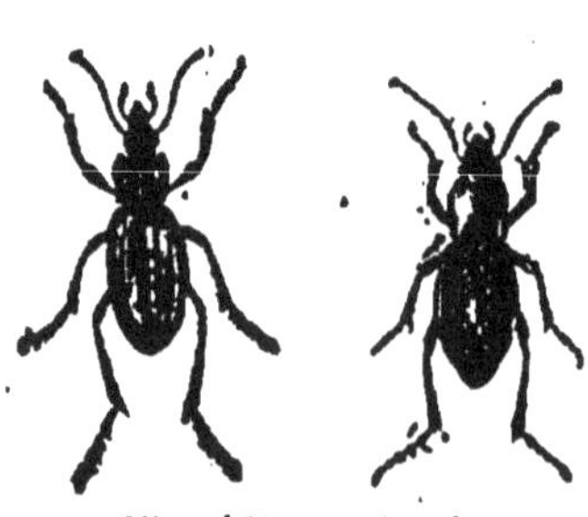

Fig. 195. — Carabes.

Fig. 196. — Charançon.

II. Araignées. — Les araignées ont la bouche organisée pour royer ou pour sucer. Elles sont pourvues d'un appareil venimeux. Elles se nourrissent du sang des insectes. Elles entendent, et la musique les impressionne.

Leur peau est fort sensible.

Elles pondent des œufs; elles muent plusieurs fois par an.

Les principales araignées sont : l'argyronète (fig. 197), qui se construit une cellule sous l'eau; la mygale-maçonne, qui se fait une maison en terre; le théridion bienfaisant, qui protège les rosiers de ses toiles: et l'épeire (fig. 198).

Fig. 197. — Argyronète.

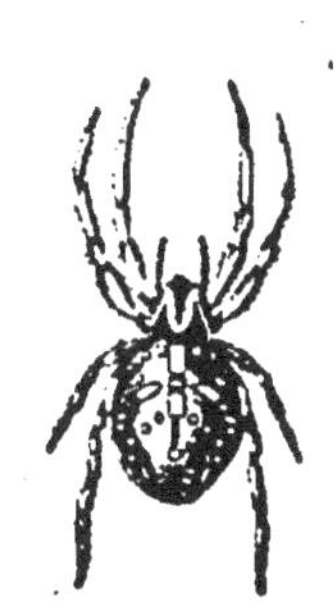

Fig. 198. — Epeire.

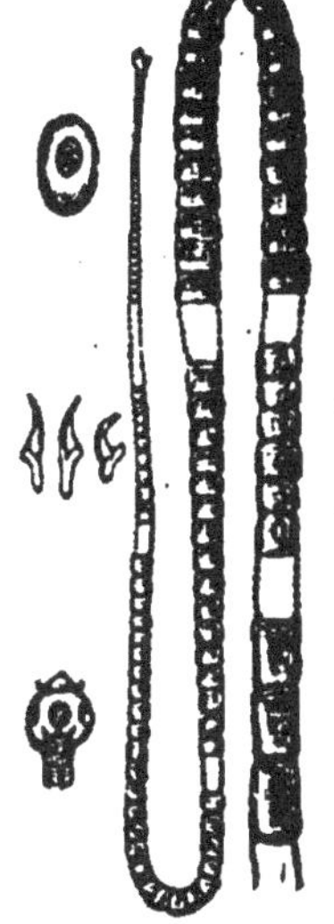

Fig. 199. — Tœnia.

III. Vers. — Les principaux vers sont la sangsue, d'un usage courant; le ver de terre ou lombric, qui jouit de la singulière propriété de donner naissance à deux vers quand on le divise en deux; l'arénicole des pêcheurs, qui sert d'appât pour la pêche en mer; le tœnia (fig. 199), dont l'œuf se développe chez le porc et acquiert son état parfait dans le tube digestif de l'homme; la trichine, parasite du porc, rongeant les muscles de l'homme qui l'absorbe, etc.

RÉSUMÉ

Le corps des **insectes** *comprend la tête, le thorax et l'abdomen. Les insectes subissent des métamorphoses : de l'œuf sort une chenille qui devient chrysalide, laquelle se transforme en insecte parfait.*

Les principaux insectes utiles sont les carabes, la cantharide, les nécrophores, la coccinelle, l'ichneumon, l'abeille et le ver à soie.

Les principaux insectes nuisibles sont le hanneton, le charançon, la courtilière, les termites et les fourmis.

Les **araignées** *se nourrissent du sang des insectes; les principales sont l'argyronète, la mygale maçonne, le théridion bienfaisant et l'épeire.*

Les principaux **vers** *sont la sangsue, le ver de terre, le tœnia et la trichine.*

HUITIÈME LEÇON

Mollusques. — Zoophytes.

I. Mollusques. — Les mollusques sont des animaux au corps mou, protégé quelquefois par une coquille. Les principaux mollusques sont la seiche (fig. 200), le poulpe, les limaces, les escargots, l'huître, la moule et le taret.

La seiche nage avec beaucoup de facilité; elle fait usage de ses

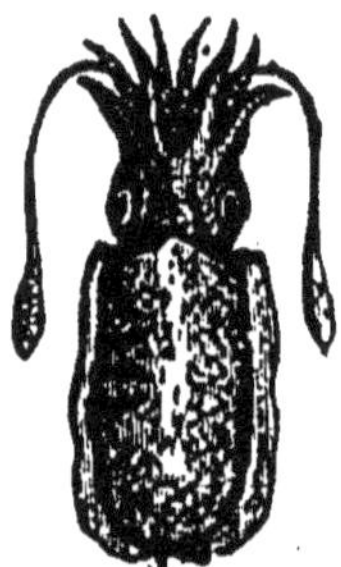

Fig. 200. — Seiche.

Fig. 201. — Poulpe.

Fig. 202. — Limace.

bras et de ses nageoires pour poursuivre sa proie. Les os de seiche sont employés par les dessinateurs et on les donne aux oiseaux en cage pour aiguiser leur bec.

La tête du poulpe (fig. 201) porte deux yeux volumineux avec un bec corné, autour duquel prennent naissance huit longs bras. Lorsque les poulpes acquièrent une grande taille, ils peuvent enlacer les nageurs et les faire périr.

Les limaces (fig. 202) sont dépourvues d'écailles; elles se nourrissent de jeunes végétaux et causent de grands ravages dans les jardins.

Une certaine variété d'escargots est recherchée des gourmets.

On pêche les huîtres pour leur chair, leurs perles et la nacre de leurs coquilles.

La moule est employée pour l'alimentation.

Le taret (fig. 203) perce les bois des navires, des digues, des estacades et produit de grands dégâts.

II. **Zoophytes**. — Les zoophytes sont les invertébrés chez les-

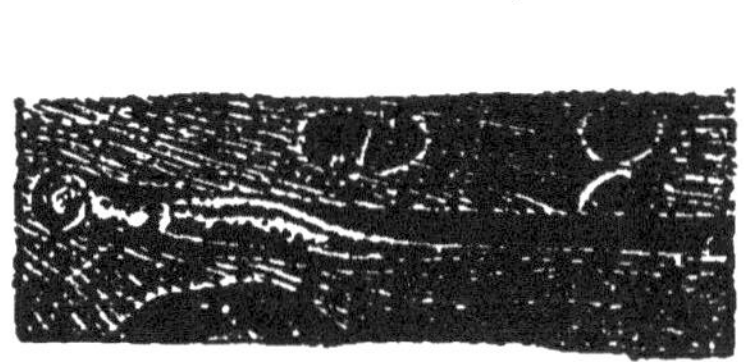

Fig. 203. — Taret.

Fig. 204. — Oursin.

Fig. 205. — Étoile de mer.

quels on ne reconnaît pas nettement un côté droit et un côté gauche.

Les principaux sont les oursins ou châtaignes de mer (fig. 204), qui se nourrissent de plantes marines; les astéries ou étoiles de mer (fig. 205); les méduses qui sécrètent une humeur âcre produisant sur la peau une sensation de brûlure; les polypes (fig. 207) qui forment

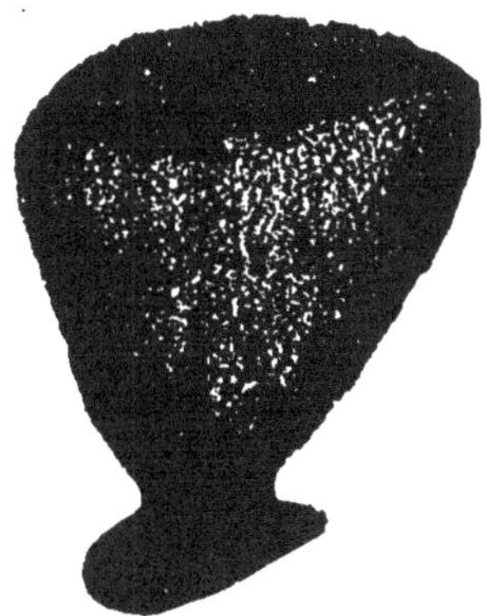

Fig. 206. — Éponge.

Fig. 207. — Polypier.

des bancs considérables. Le corail qui en provient est employé à faire de jolis bijoux.

Les éponges (fig. 206) se rencontrent sur les côtes de la Méditerranée; on les pêche principalement sur les bords de la Barbarie; les éponges fines sont recueillies en Syrie et dans l'Archipel.

RÉSUMÉ

Les **mollusques** *sont des animaux au corps mou, protégé quelquefois par une coquille.*

Les principaux mollusques sont la seiche, le poulpe, les limaces, les huîtres, les moules et le taret.

Les zoophytes sont des invertébrés. Les principaux sont les oursins, les astéries, les polypes et les éponges.

MAI

PROGRAMME. — **La plante. Notions sommaires sur les différents organes d'une plante : racine, tige, feuille, fleur, fruit, graine. — Fonctions de ces organes. — Comment la plante se nourrit. — Principaux éléments tirés : 1° de l'air; 2° de la terre. — Ces éléments se retrouvent dans la plante. — Principes que les engrais doivent procurer aux plantes. — Germination. — Absorption des éléments nutritifs, sève ascendante, assimilation chlorophyllienne, transpiration des plantes. — Sève descendante.**

PREMIÈRE LEÇON

La plante. — Notions sommaires sur les différents organes d'une plante.

I. **Développement d'une plante.** — Quand on sème une graine, un haricot par exemple, elle ne tarde pas à se gonfler sous l'influence de l'eau contenue dans la terre et son enveloppe s'ouvre. — Au bout de quelques jours, on voit sortir de la graine, un petit organe qui s'enfonce dans la terre, c'est la **racine** (fig. 208). Cette racine bientôt se couvre de nombreux poils par lesquels la jeune plante puise dans le sol l'eau qui lui est nécessaire. Au-dessus de l'endroit où sont apparus les premiers poils absorbants, un autre organe se développe et se dirige en sens contraire de la racine, c'est-à-dire de bas en haut; on n'y voit pas de poils absorbants, c'est la **tige** (fig. 209). Ce nouvel organe continue à s'allonger et bientôt il donne naissance à des feuilles (fig. 210). Pendant ce temps, la première racine a continué à pousser d'autres racines plus petites, portant elles aussi des poils absorbants. Après quelques semaines, le haricot s'est complètement développé et on peut y voir distinctement :

1° La *racine*, qui s'enfonce dans le sol et qui porte des poils absorbants;

2° La *tige*, qui se développe dans l'air, qui est dépourvue de poils absorbants et qui porte des feuilles;

3° Les *feuilles*, qui sont aplaties et qui arrivent vite à leur complet développement.

II. **Rôle de la racine, de la tige, des feuilles.** — Pour vivre, pour se développer, une plante a besoin de se nourrir; elle

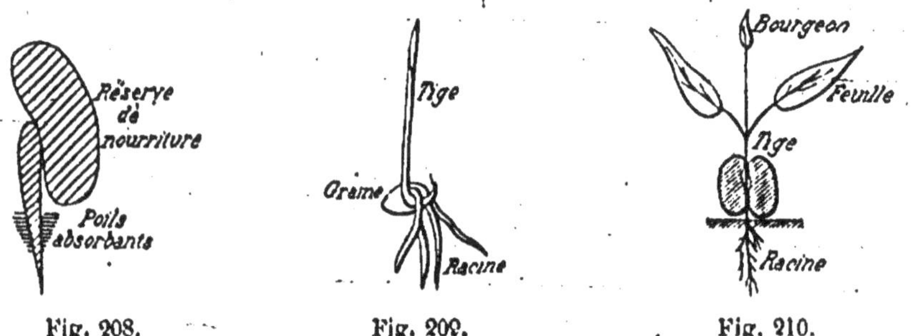

Fig. 208. Fig. 209. Fig. 210.

le fait par le moyen de ses racines, de sa tige et de ses feuilles. La racine puise, par ses poils absorbants, l'eau dans laquelle les matières fertilisantes des engrais se trouvent fondues, dissoutes comme du sucre l'est dans de l'eau sucrée.

Cette eau, appelée **sève brute**, passe dans la tige et arrive jusqu'aux feuilles. Là, sous l'influence de la lumière et grâce à la matière verte des feuilles que l'on nomme **chlorophylle**, la sève brute subit des transformations importantes et devient de la sève descendante ou **élaborée**, qui est à la plante ce que le sang est au corps animé.

La tige qui a servi à porter la sève brute jusqu'aux feuilles sert aussi à porter la sève élaborée dans tous les organes de la plante.

RÉSUMÉ

Une **plante** *se compose de la* **racine**, *de la* **tige** *et des* **feuilles**.

La **racine** *s'enfonce dans la terre, porte des poils absorbants par lesquels elle puise dans le sol la sève brute.*

La **tige**, *dépourvue de poils absorbants, se développe en sens contraire de la racine; elle sert à transporter la sève brute aux feuilles et à conduire la sève élaborée dans tous les organes de la plante.*

La feuille est le petit laboratoire où, sous l'influence de la lumière et de la chlorophylle, la sève brute est changée en sève élaborée.

DEUXIÈME LEÇON

La racine.

I. On a vu dans la leçon précédente que la racine est le premier organe qui apparaît dans une plante. Cette racine se couvre de poils absorbants dont le rôle est de puiser dans la terre l'eau nécessaire à la nourriture de la plante.

Ces poils de la racine sont très importants à connaître (fig. 211). Pendant que la racine s'allonge, les poils absorbants se renouvellent, de sorte que la région qui les porte (AB) a toujours à peu près la même longueur. Tout à fait à l'extrémité de la racine (fig. 211) se trouve la **coiffe**, partie assez dure, protégeant l'extrémité de la racine et lui permettant ainsi de s'allonger dans le sol sans se déchirer. Au bout d'un certain temps, il se produit d'autres petites racines sur la racine principale : ce sont les racines secondaires. Elles aussi sont pourvues de poils absorbants (fig. 212) et d'une coiffe.

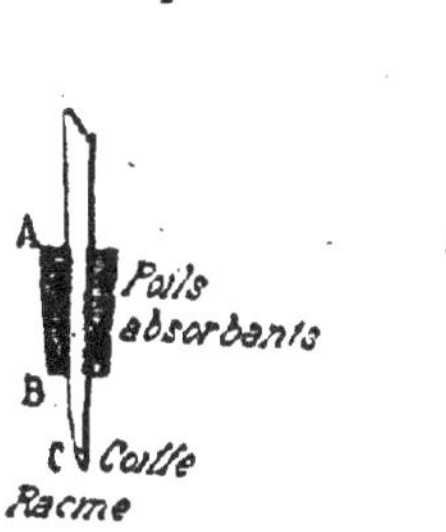

Fig. 211.

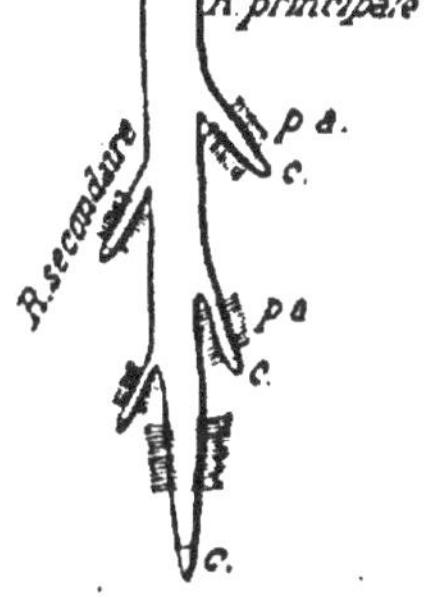

Fig. 212.

Quelle que soit la position qu'on donne à une racine principale, cette racine se dirige toujours de haut en bas.

II. Racines adventives. — Certaines racines naissent directement sur la tige, on les nomme racines adventives. Le lierre a des racines adventives par lesquelles il s'accroche aux arbres et aux murailles qui le soutiennent.

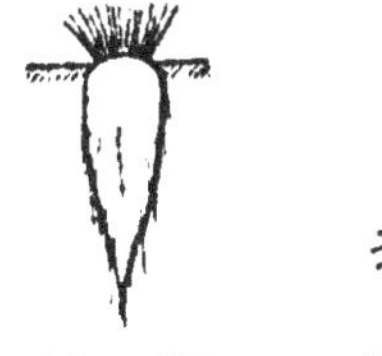
Fig. 213. R. pivotante.

Fig. 214. R. fasciculée.

III. Différentes formes de racines. — Quand la racine principale est beaucoup plus développée que les racines secondaires on la nomme racine pivotante (fig. 213); la betterave, la carotte, le navet ont des racines pivotantes. Si la racine principale ne se développe pas plus que les racines secondaires, on dit que la racine est fasciculée (fig. 214). Le blé a une racine fasciculée.

IV. **Usage des racines.** — Les racines pivotantes de radis, de navet, de carottes sont alimentaires.

La racine de la garance renferme une matière colorante rouge très employée. La betterave produit du sucre, etc.

RÉSUMÉ

Le premier organe qui apparaît dans une plante qui germe c'est la **racine principale.** *On la reconnaît :*

1° *A ce qu'elle ne porte pas de feuilles;*

2° *A ce qu'elle possède des poils absorbants qui puisent dans le sol l'eau nécessaire à la jeune plante;*

3° *A ce qu'elle a une coiffe.*

Les **radicelles** *sont les racines secondaires qui se développent sur la racine principale.*

On nomme **racines adventives** *celles qui se développent sur les tiges.*

Il y a deux sortes de racines : les racines **pivotantes** *et les racines* **fasciculées.**

Les racines du radis, du navet et de la carotte sont alimentaires. La betterave donne le sucre et la racine de la garance produit une couleur rouge.

TROISIÈME LEÇON

La tige.

I. **Tige principale.** — L'organe qui se développe après la racine et en sens contraire est la tige principale. Elle porte des feuilles, la racine n'en porte pas.

L'endroit de la tige où s'attache une feuille s'appelle un **nœud** de la tige (fig. 215).

II. **Branches.** — Généralement la tige principale donne naissance à des tiges secondaires qu'on nomme **branches** (fig. 216).

Les branches portent aussi des feuilles. Il est à remarquer que les branches naissent en général exactement au-dessus d'une feuille (fig. 216). La tige principale porte à son extrémité un bourgeon. Il y en a un aussi au-dessus de chaque feuille. Tous ces bourgeons peuvent donner des branches.

III. **Direction des tiges.** — La tige principale se dirige de bas en haut. Un éclairement inégal change sa direction. Par exemple, une jeune plante placée dans un appartement s'incline vers la fenêtre qui lui apporte la lumière.

IV. **Tiges grimpantes.** — Les tiges qui s'appuient sur des supports pour se soutenir dans l'air sont des tiges grimpantes. Exemples : le houblon, le pois, la vigne, etc.

V. **Fonctions de la tige.** — La tige sert à supporter les feuilles et les fleurs; mais son rôle principal est de transporter la sève brute des racines jusqu'aux feuilles et de conduire la sève élaborée dans tous les organes de la plante.

Fig. 215.

Fig. 216.

Certaines tiges, comme les tiges souterraines de la pomme de terre, se renflent çà et là en tubercules où s'emmagasine une réserve de nourriture composée surtout de fécule. Ces tubercules peuvent passer l'hiver dans la terre et donner l'année suivante naissance à des tiges aériennes.

VI. **Usages des tiges.** — Le bois du poirier, du chêne, du hêtre, etc., est recherché pour la menuiserie et l'ébénisterie. Les bois blancs, comme le peuplier, fournissent des planches légères et résistantes.

Les tubercules de la pomme de terre sont comestibles. Le quinquina renferme dans son écorce une matière appelée quinquina, très efficace contre les fièvres. La tige souterraine de l'ipécacuanha, séchée et réduite en poudre, est employée comme vomitif. Les paniers d'osier sont faits avec les branches flexibles de certaines espèces de saule. Les tiges du lin et du chanvre ont des fibres qui servent à la fabrication du fil, de la toile et des cordages. La canne à sucre renferme beaucoup de sucre. Le bois des pins est employé pour les charpentes; il sert aussi à construire les mâts des navires.

La résine s'extrait surtout du pin maritime; on en retire l'essence de térébenthine, etc.

RÉSUMÉ

L'organe qui se développe en sens contraire de la racine est la **tige principale** *qui porte les feuilles et les fleurs. Les* **nœuds** *de la tige sont les endroits où les feuilles s'attachent.*

Les **branches** *sont les tiges secondaires.*

La tige a pour fonction de porter la sève brute des racines jusqu'aux feuilles et la sève élaborée dans tous les organes de la plante.

Les tiges des arbres de nos forêts sont employées pour l'ébénisterie et la menuiserie. Les paniers d'osier sont fabriqués avec les branches flexibles des saules; la canne à sucre produit le sucre de canne. Les pins fournissent la résine.

Les tiges du lin et du chanvre produisent du fil dont on fait de la toile et des cordages; etc.

QUATRIÈME LEÇON

La feuille.

I. **Caractères de la feuille.** — Les feuilles sont généralement aplaties; elles ont une droite, une gauche; une face supérieure et une face inférieure; leur accroissement est limité.

II. **Limbe, pétiole, gaine.** — Dans une feuille complète, on distingue le limbe, le pétiole et la gaine (fig. 217).

III. **Nervures.** — En regardant une feuille par transparence, on voit que le pétiole se continue dans le limbe par un certain nombre de petits filets : ce sont les nervures de la feuille. On peut d'ailleurs isoler très facilement les nervures d'une feuille en la plaçant entre deux feuilles de buvard et en la frappant avec une brosse à habit. On détruit ainsi peu à peu la substance qui forme le limbe et les nervures restent. Les nervures donnent de la raideur à la feuille; elles servent de plus à distribuer dans la feuillle la sève brute apportée par les tiges.

IV. **Feuilles simples et feuilles composées.** — Une
uille est simple lorsque son limbe est tout d'une pièce (fig. 217);

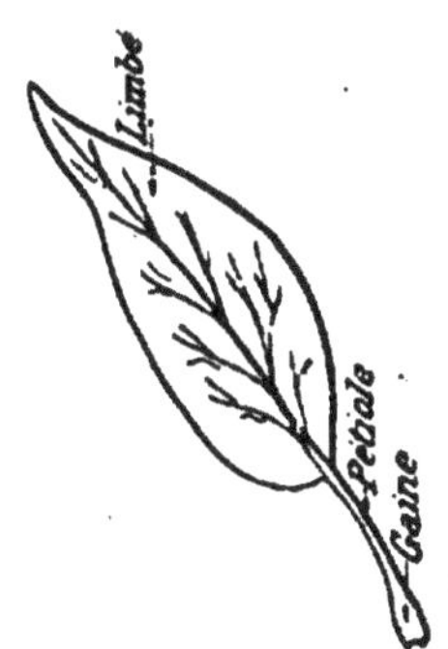

Fig. 217. — Feuille simple.

Fig. 218. — Feuille composée.

le limbe est divisé en plusieurs parties, la feuille est dite composée (fig. 218).

V. **Position des feuilles sur la tige.** — Quand deux euilles sont insérées sur la tige à la même hauteur, en face l'une e l'autre, on dit que ce sont des feuilles opposées (fig. 219). Quand haque feuille est attachée isolément sur la tige (fig. 220), on dit ue ce sont des feuilles alternes.

Si plusieurs feuilles s'insèrent en un même point sur la tige, on it que ce sont des feuilles verticillées (fig. 221).

VI. **Bulbes.** — Les feuilles épaisses, charnues de l'oignon ɔrment ce qu'on appelle un bulbe. Le bulbe constitue une réserve e nourriture qui doit servir au développement de la future plante.

'ig. 219. — F. opposées.

Fig. 220. — F. alternes.

Fig. 221. — F. verticillées.

VII. **Stomates.** — Les stomates des feuilles sont des ouver-ures qu'on ne peut pas voir à l'œil nu; elles servent à la transpira-ion de la plante et à l'absorption de l'acide carbonique, deux onctions dont le but est de changer la sève brute en sève éla-ɔorée.

VIII. **Usages des feuilles.** — On mange les feuilles de cresson et celles du chou. La luzerne, le trèfle, le sainfoin sont employés comme fourrages pour les animaux; les feuilles du persil et du cerfeuil servent de condiment. On fume les feuilles du tabac; le thym et la sauge relèvent le goût de certains mets. On mange les feuilles de la laitue, du pissenlit et de la chicorée. L'oignon, l'ail, l'échalote, la ciboule ont des bulbes comestibles, etc.

De plus la plupart des plantes d'appartement sont recherchées pour leur feuillage.

RÉSUMÉ

Dans une feuille complète, on distingue le **limbe**, *le* **pétiole** *et la* **gaine**.

Les feuilles sont **simples** *ou* **composées**.

Par rapport à leur position sur la tige, les feuilles sont dites **opposées, alternes** *ou* **verticillées**.

Un **bulbe** *est un ensemble de feuilles épaisses formant une réserve de nourriture pour la plante future.*

C'est dans les feuilles que se fait le changement de la **sève brute** *en* **sève élaborée**.

On mange les feuilles de certaines plantes (cresson, chou, laitue, chicorée), on fume les feuilles du tabac; celles du persil, du cerfeuil, de la sauge relèvent la saveur des mets. L'oignon, l'ail, l'échalote, la ciboule ont des bulbes comestibles.

CINQUIÈME LEÇON

La fleur.

I. **Différentes parties de la fleur.** — Une fleur se compose de plusieurs parties faciles à distinguer.

Le *pédoncule* (fig. 222) est le support de la feuille. Il se termine par une sorte de petit *plateau*. A l'extérieur, on peut apercevoir de petites feuilles vertes, indépendantes ou non les unes des autres : ce sont les *sépales*, dont l'ensemble forme le *calice*.

Le calice est pour ainsi dire la première enveloppe de la fleur.

La seconde est formée par la partie colorée de la fleur, celle qui attire les yeux, qui contient le parfum propre à la fleur : c'est la *corolle* formée de *pétales*.

Les pétales protègent de petits filaments renflés au sommet.

Ces filaments sont les *étamines*. Chacune d'elles est formée de deux parties : le *filet* et l'*anthère*. — Lorsque la fleur est épanouie, à un moment donné, on voit sortir de l'anthère une poussière jaune : c'est le *pollen*.

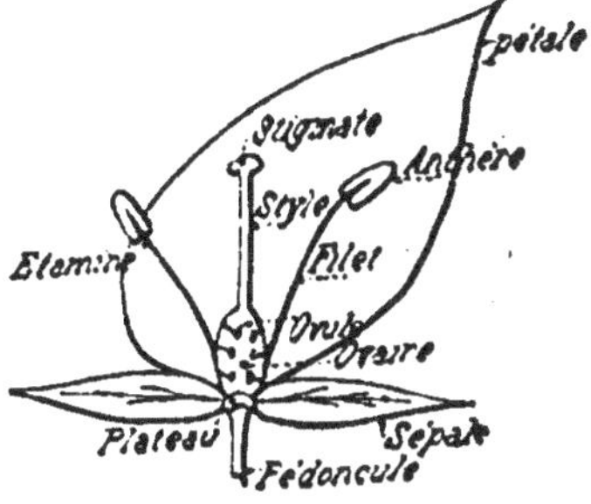

Fig. 222. — Fleur théorique.

Enfin au centre est l'*ovaire*, qui plus tard formera le fruit.

L'ovaire contient les *ovules*, qui deviennent des graines. L'ovaire est surmonté d'un tube, le *style*, qui se termine par un petit plateau, le *stigmate*. L'ovaire, le style, le stigmate constituent le *pistil*.

II. Nécessité de l'action du pollen sur le pistil. — Lorsque la fleur s'épanouit, le pistil est en pleine végétation.

A ce moment, il ne peut continuer à se développer s'il ne subit l'action des grains de pollen. Si cette action fait défaut, l'ovaire se flétrit peu à peu, les ovules se dessèchent et meurent (fig. 223); dans le cas contraire, l'ovaire se convertit en fruit et les ovules en graines.

Fig. 223.

Le pollen arrive sur le stigmate de diverses façons. Dans certaines fleurs, les anthères le projettent directement sur le stigmate; dans d'autres cas, le pollen, étant très léger, est souvent emporté par le vent à de grandes distances et, comme le stigmate est toujours recouvert d'une matière gluante, il retient les grains de pollen qui viennent se déposer sur lui. Les insectes eux-mêmes en butinant se couvrent de pollen qu'ils transportent d'une fleur à l'autre.

III. Usages des fleurs. — Un grand nombre de plantes sont recherchées pour leurs fleurs, soit pour leur beauté, soit pour leur parfum, soit pour l'un et l'autre : telles sont les roses. On fait de la tisane avec les fleurs de la camomille; les dahlias et les chrysanthèmes sont cultivés comme plantes ornementales ainsi que le lis, la tulipe, la jacinthe.

RÉSUMÉ

Une **fleur** *complète se compose du* **pédoncule**, *du* **calice**, *formé de sépales, de la* **corolle** *formée de pétales, des* **étamines** *dont chacune comprend* **filet** *et* **anthère**; *du* **pistil**, *composé de l'***ovaire** *renfermant les* **ovules**, *du* **style** *et du* **stigmate**.

Les ovules après avoir subi l'action du **pollen** *deviennent des graines et l'***ovaire** *un fruit.*

Les fleurs sont recherchées pour leur beauté ou leur parfum; telles sont les fleurs du rosier, du dahlia, des chrysantèmes, du lis, de la tulipe, de la jacinthe, etc.

SIXIÈME LEÇON

Le fruit.

I. **Le fruit provient du pistil et la graine de l'ovule.** — Un *fruit* n'est rien autre chose qu'un ovaire développé.

En effet quand le grain de pollen est tombé sur le stigmate, il germe et s'enfonce alors dans le style (fig. 224) jusqu'à ce qu'il ait atteint les ovules. A partir de ce moment, les diverses parties de la fleur se flétrissent, excepté l'ovaire qui se développe.

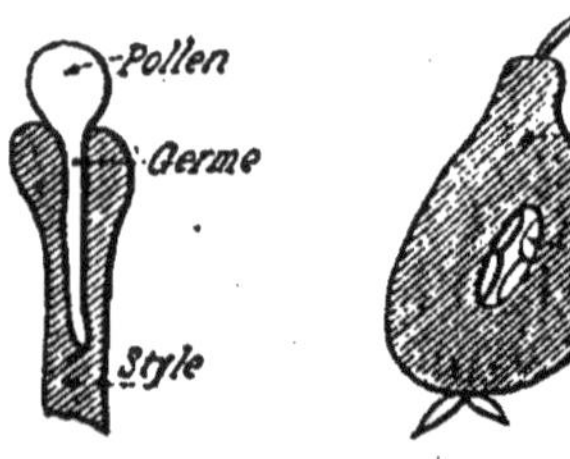

Fig. 224. Fig. 225.

L'ovaire en grossissant forme les parois du fruit; à l'intérieur les ovules se changent en *graines*.

On peut alors dans le fruit distinguer deux parties (fig. 225) :

1° Les parois de l'ovaire, que l'on nomme *péricarpe*;

2° Les *graines*, emprisonnées dans le péricarpe.

II. **Différentes sortes de fruits.** — On distingue deux sortes de fruits : les fruits charnus, comme la poire, et les fruits secs, comme le blé.

III. **Fruits charnus.** — Quand, dans un fruit charnu, toute la paroi du péricarpe est molle et qu'au moment de la maturité, cette paroi se décompose facilement pour laisser les graines libres, on dit que le fruit est une *baie*. Ex. : le fruit de la vigne.

Si, au contraire, le péricarpe est charnu à l'extérieur et très dur à l'intérieur pour constituer ce qu'on nomme un noyau, on dit que le fruit est une *drupe*. Ex. : la cerise, l'abricot, la pêche, etc. (fig. 226).

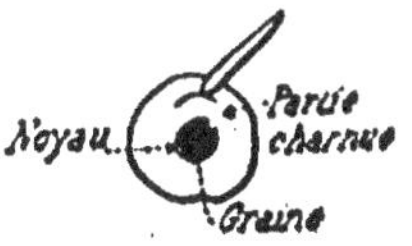

Fig. 226. — Drupe.

IV. Fruits secs. — Les fruits secs ont leurs parois complètement desséchées au moment de la maturité. Ex. : le blé, l'orge, l'avoine, etc.

V. Usages des fruits. — On mange les fruits du poirier, du pommier, du néflier, du cerisier, du prunier, de l'amandier, du pêcher, de l'abricotier, du fraisier, etc. Plusieurs de ces fruits (pommes et poires) servent à fabriquer des boissons fermentées (cidre et poiré).

On fait d'excellentes confitures avec la groseille. Les fruits du cassis servent à préparer la liqueur du même nom. Les fruits du hêtre sont employés à faire l'huile de faine et ceux du noyer, l'huile de noix. Les amandes sont fort recherchées. Les tomates sont employées à confectionner d'excellentes sauces. Les fruits du houblon servent à parfumer la bière. Les fruits de la vanille sont employés en cuisine. Le cocotier produit un fruit connu sous le nom de noix de coco, qui donne le lait de coco; les dattes sont fort goûtées des gourmets, etc.

RÉSUMÉ

Un **fruit** *est un ovaire développé. Quand le pollen est arrivé au contact des ovules, ceux-ci deviennent des* **graines** *et l'ovaire se convertit en fruit.*

Il y a deux sortes de fruits : les **fruits charnus** *(baie et drupe) et les* **fruits secs.**

Les fruits du pommier, du poirier, du pêcher, du cerisier, etc., sont fort recherchés. Avec la pomme, on fait le cidre; le poiré se fabrique avec la poire. La confiture est faite généralement avec la groseille. On prépare de l'huile avec les fruits du hêtre et du noyer. Les cuisinières confectionnent d'excellentes sauces avec la tomate. Les brasseurs emploient les fruits du houblon pour parfumer la bière. Les noix de coco et les dattes sont fort recherchées des enfants.

SEPTIÈME LEÇON

La graine.

I. **Définition.** — La graine provient de l'ovule fécondé; elle est destinée à donner une plante semblable à celle qui l'a produite, à condition qu'elle soit placée dans un milieu où elle puisse germer. Elle est enveloppée par le péricarpe.

II. **Conditions de germination.** — Pour qu'une graine puisse germer, il faut qu'elle soit mûre. Une graine mûre ne conserve pas indéfiniment la faculté de germer. Elle perd quelquefois ce pouvoir après quelques semaines, parfois elle le conserve un grand nombre d'années.

Pour reconnaître si des graines peuvent germer, on les met dans l'eau; celles qui surnagent sont mauvaises; celles qui vont au fond de l'eau peuvent être considérées comme bonnes.

De plus, pour qu'une graine puisse germer, il lui faut : 1° de l'eau; 2° de l'air; 3° de la chaleur.

III. **Eau.** — Une graine ne peut pas germer dans l'air sec, quelle que soit sa température. Ceci est facile à démontrer.

IV. **Air.** — Une graine ne se développe pas dans un milieu dépourvu d'air. Si l'on place une graine quelconque dans de l'azote, de l'acide carbonique, du gaz d'éclairage, elle ne germe pas, quels que soient la température et le degré d'humidité.

V. **Chaleur.** — Pour qu'une graine puisse germer, il faut qu'elle soit portée à une température qui varie suivant les espèces de graines. Cette température ne peut être ni trop basse ni trop élevée. Au-dessous de 5° et au-dessus de 28°, la graine de trèfle par exemple ne germe plus.

VI. **Germination de la graine.** — Une graine germe quand elle est placée dans les meilleures conditions possibles. Elle se gonfle d'eau et laisse passer la racine principale qui se couvre de poils absorbants, etc., comme nous l'avons vu récemment, et finit par produire une plante semblable à celle dont elle provient.

VI. **Usages des graines.** — Le pavot noir ou œillette est cultivé pour ses graines dont on extrait une huile appelée huile d'œillette; les graines de moutarde servent à fabriquer le condiment connu sous le nom de moutarde; on les emploie aussi pour faire des sinapismes. Les haricots, les pois, les lentilles, les fèves sont très nourrissants. Les graines du caféier servent à préparer une boisson bien connue, le café.

Les céréales sont alimentaires par leurs grains, dont on fait de la farine. La farine de blé est la meilleure; puis viennent les farines de seigle, d'orge, de maïs. Les grains d'orge servent surtout à la fabrication de la bière; les grains de l'avoine sont donnés aux chevaux. Les graines du lin sont employées à faire de l'huile; on en fait aussi des cataplasmes, etc.

RÉSUMÉ

La ***graine*** *n'est rien autre chose que l'ovule développé après la fécondation. Elle donne naissance, si toutes les conditions nécessaires sont remplies, à une plante semblable à celle dont elle provient.*

Pour qu'une graine puisse germer, il faut qu'elle soit ***mûre*** *et qu'elle ait de l'****air****, de l'****eau*** *et de la* ***chaleur****.*

On fait de l'huile avec les graines de l'œillette et du lin. Les haricots, les pois, les fèves, les lentilles sont très nourrissants.

Avec les graines du caféier, on fait du café.

La farine provient des grains du blé et du seigle. Avec l'orge, on fait la bière; l'avoine est donnée aux chevaux.

HUITIÈME LEÇON

Comment la plante se nourrit. — Transpiration des plantes.

Nous avons étudié pendant ce mois toutes les parties d'une plante; il nous reste maintenant à voir ce qu'il lui faut pour se développer; en un mot, quelle nourriture il lui convient et où elle se procure cette nourriture qui se compose de carbone, d'eau, d'azote, d'acide phosphorique, de potasse, de chaux, et d'autres principes minéraux.

C'est dans l'air qu'elle trouve le carbone sous forme d'acide carbonique, et dans la terre qu'elle puise l'azote, l'eau, l'acide phosphorique, la potasse et la chaux.

Tous ces éléments se dissolvent, se fondent dans l'eau comme le fait le sucre, pénètrent dans la plante avec elle par les poils absorbants de la racine sous le nom de sève brute ou ascendante ; cette sève se rend aux feuilles et là elle perd la plus grande partie de son eau ; en même temps, elle se combine, s'unit intimement avec le carbone qu'elle emprunte à l'air. La sève s'épaissit et devient sève élaborée ou descendante qui est, nous l'avons déjà dit, comme le sang de la plante. Cette sève forme tous les organes de la plante. Plus tard, quand la plante meurt et se décompose, elle rend à la terre l'azote, l'acide carbonique, l'eau, l'acide phosphorique qu'elle lui a empruntés.

Quatre éléments peuvent faire défaut dans le sol : l'azote, l'acide phosphorique, la potasse et la chaux ; il faut les lui fournir si l'on veut que la plante se développe dans les meilleures conditions possibles.

II. **Azote.** — L'azote, qu'on trouve dans le fumier, le purin et les nitrates, donne aux plantes de grandes proportions et une couleur d'un beau vert.

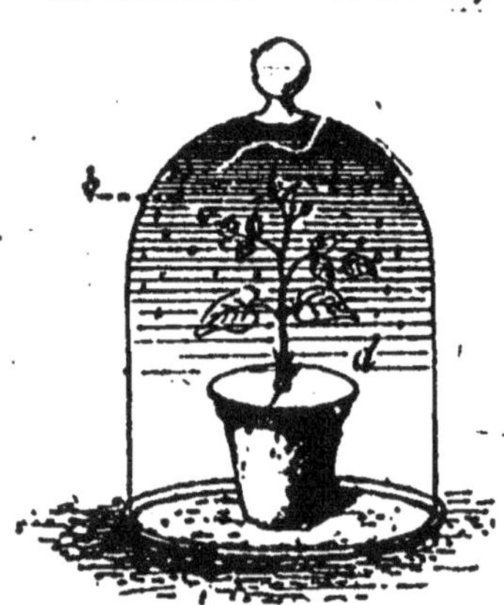

Fig. 227.

III. **Acide phosphorique.** — L'acide phosphorique rend les plantes de meilleure qualité ; il convient surtout aux céréales, car il entre dans la composition des graines.

La potasse et la chaux ont moins d'importance ; elles font rarement défaut dans la terre arable.

IV. **Transpiration.** — La transpiration d'une plante consiste en un dégagement de vapeur d'eau. Ce dégagement de vapeur d'eau se constate en plaçant une cloche de verre sur une plante (fig. 227) : les parois de la cloche se couvrent de gouttelettes d'eau. — On peut encore mettre une plante en équilibre sur une balance ; après quelques heures, l'équilibre est rompu et le fléau penche du côté de la tare : c'est donc que la plante a dégagé, a perdu de la vapeur d'eau.

RÉSUMÉ

Une plante se nourrit de **carbone**, *d'***azote**, *d'***eau**, *d'***acide phos-horique**, *de* **potasse**, *de* **chaux**, *etc.*

Elle trouve le carbone dans l'air et le reste dans la terre. Ces divers incipes doivent être tout d'abord dissous dans l'eau pour pouvoir nétrer dans la plante par les poils absorbants. Ils forment la sève cendante qui s'en va aux feuilles où elle perd la plus grande partie son eau; en même temps elle absorbe du carbone de l'air. Elle vient alors sève élaborée et se rend dans tous les organes de la ante pour les nourrir.

Quatre choses peuvent manquer dans un sol : de l'azote, de l'acide iosphorique, de la potasse et de la chaux. On les lui procure sous rme d'engrais.

L'azote rend les plantes plus vigoureuses; l'acide phosphorique ur donne une meilleure qualité.

JUIN

PROGRAMME. — **Graminées (céréales); légumineuses (haricots, pois, etc.); solanées (pommes de terre, tabac, belladone, etc.); rosacées (arbres fruitiers); ombellifères (carotte, cerfeuil, ciguë); crucifères (colza); champignons. — Propriétés et usages.**

PREMIÈRE LEÇON

Graminées.

I. **Caractères des graminées.** — Les racines des graminées (blé; fig. 228) sont des racines fasciculées; la tige est creuse sur toute la longueur des entre-nœuds : on lui donne le nom de *chaume*. Les feuilles sont longues, peu larges, à nervures parallèles à la direction de la feuille. — La fleur a trois étamines, le fruit est sec.

Fig. 228. Blé. Fig. 229. Seigle.

La famille des graminées renferme un grand nombre de plantes très importantes pour l'alimentation de l'homme et des animaux.

Le blé est la plus utile des graminées; on peut citer ensuite le seigle, l'orge, l'avoine, le maïs, la canne à sucre.

II. **Blé** : Usages. — Le blé est abondamment cultivé en France. On le convertit en farine au moyen des moulins à vent, à eau ou à vapeur. Avec la farine du blé, on fait non seulement le pain, mais des pâtes alimentaires très nourrissantes, telles que le vermicelle, le macaroni, etc.

III. **Seigle** : Usages. — Le seigle (fig. 229) ne sert plus o

›sque plus dans la nourriture de l'homme. On le cuit pour chevaux lorsque l'avoine est rare; on le fait moudre pour le nner aux porcs, sous forme de soupe. Sa farine entre dans la composition du pain d'épice. Avec sa paille, on couvre les chaumières.

IV. **Orge** : Usages. — L'orge est exclusivement employée dans Nord à la fabrication de la bière. Pour cela, on la fait germer ns de grandes salles chauffées après l'avoir arrosée convenablement. On arrête la germination en faisant sécher l'orge sur des les métalliques chauffées au-dessous; on la divise suite grossièrement à l'aide d'un moulin. En cet t, on l'appelle *malt*. Le malt est arrosé d'eau uillante; l'eau d'orge ainsi obtenue est bouillie dans s chaudières avec les cônes du houblon. On laisse froidir : c'est la bière.

V. **Avoine** : Usages. — L'avoine (fig. 230) est utiée pour la nourriture des chevaux.

Fig. 230. Avoine.

Le **maïs** est peu employé dans la région. Les uniers peu scrupuleux mélangent sa farine à celle blé pour réaliser de plus grands profits.

Nous ne dirons rien de la **canne à sucre** sinon e sa tige, au lieu d'être creuse, est remplie d'une moelle contenant un abondant jus sucré dont on fait le sucre de canne.

L'herbe des prairies est surtout formée de graminées vivaces nt on fait d'excellents fourrages pour les bestiaux.

RÉSUMÉ

*Les **graminées** ont des racines fasciculées; leur tige est creuse; ırs feuilles longues et peu larges; le fruit est sec.*

Les principales graminées sont :

1° Le blé, dont on fait le pain;

2° Le seigle, employé à la nourriture des porcs;

3° L'orge, qui sert à faire la bière;

4° L'avoine, qu'on donne aux chevaux;

5° La canne à sucre, avec laquelle on fabrique le sucre de canne.

L'herbe des prairies est surtout formée de graminées vivaces que n coupe pour en faire du foin.

DEUXIÈME LEÇON

Légumineuses.

I. **Caractères des légumineuses.** — Les légumineuses (pois) se reconnaissent facilement à leur corolle (fig. 231), laquelle a l'apparence d'un papillon; d'où leur nom de *papilionacées*.

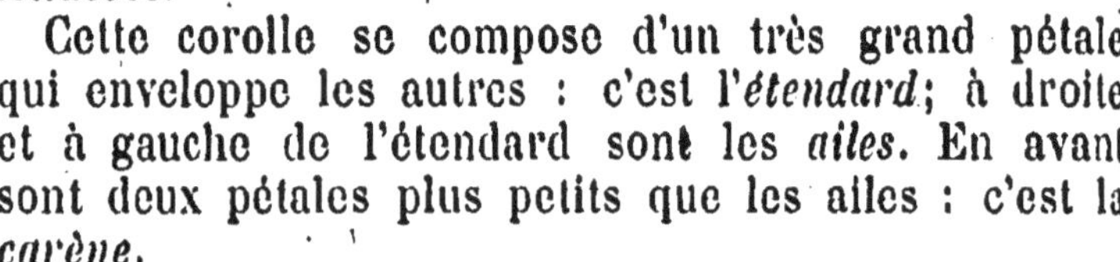

Fig. 231.

Cette corolle se compose d'un très grand pétale qui enveloppe les autres : c'est l'*étendard*; à droite et à gauche de l'étendard sont les *ailes*. En avant sont deux pétales plus petits que les ailes : c'est la *carène*.

Le fruit est une gousse (fig. 232) qui s'ouvre par deux fentes.

II. **Principales légumineuses.** — Les principales légumineuses sont les haricots, les pois, les lentilles, les fèves, le trèfle, la luzerne, le sainfoin, le genêt, le faux-acacia.

Usages. — Les haricots, les pois, les lentilles et les fèves servent à l'alimentation de l'homme; ils sont très nourrissants; on en prépare des conserves. Un procédé bien simple consiste à placer une couche de sel dans un pot de grès et à la recouvrir d'un lit de haricots dont les grains sont à peine formés; on met une seconde couche de sel, on fait un second lit de haricots et ainsi de suite. On termine par le sel. On pose sur le tout une planchette bien propre surmontée d'un corps lourd, un pavé par exemple. On peut par ce procédé conserver des haricots verts jusqu'en avril.

Fig. 232. Gousse.

La grosse fève des jardins, cuite à l'eau et débarrassée de son écorce, est un mets délicieux.

La fève des champs, semée avec l'avoine, constitue une nourriture recherchée par les chevaux.

Le trèfle, la luzerne, le sainfoin sont donnés en vert aux bestiaux ou coupés et séchés pour former des fourrages.

Dans certaines localités, on emploie les branches flexibles du genêt pour faire des balais.

Le faux-acacia est un arbuste à fleurs jaunes employé pour l'ornementation des allées de nos maisons et de nos jardins.

RÉSUMÉ

Les **légumineuses** *ont une fleur qui a une certaine ressemblance avec le papillon.*

*Cette fleur comprend trois parties, que l'on nomme l'***étendard**, *les* **ailes** *et la* **carène**.

Les principales légumineuses sont :

1° Les haricots, les pois, les fèves, qui servent de nourriture à l'homme;

2° Le trèfle, le sainfoin, la luzerne que l'on donne aux bestiaux;

3° Le genêt, dont les branches flexibles sont employées à faire des balais;

4° Le faux-acacia, arbuste qui sert à orner nos allées.

TROISIÈME LEÇON

Les solanées.

I. Les solanées (*pomme de terre*) ont des fleurs (fig. 233) formées :

1° De cinq sépales soudés entre eux (calice);
2° De cinq pétales également soudés (corolle);
3° De cinq étamines;
4° D'un pistil qui se transforme en baie.

II. **Principales solanées.** — Les principales solanées sont la pomme de terre, le tabac, la tomate, la belladone, la stramoine, la jusquiame, l'aubergine, etc.

Fig. 233.

III. **Usages des solanées.** 1° *Pomme de terre* (fig. 234). — La pomme de terre est originaire d'Amérique. C'est Parmentier qui la rapporta en France au XVIIIe siècle. On sait le stratagème qu'il employa pour la vulgariser. Après l'avoir plantée, il fit surveiller ses champs par des gendarmes qu'il éloignait le soir. Pendant la nuit, les paysans lui dérobaient sa récolte dont ils plantaient à leur tour les tubercules et qu'ils mangeaient par la suite de bon appétit.

La pomme de terre est, comme on l'a dit, le pain du pauvre; elle a aussi acquis droit de cité chez le riche. On fait de la fécule et de l'alcool de pomme de terre.

2° *Tabac* (fig. 235). — Le tabac est également originaire d'Amérique d'où il a été rapporté par Jean Nicot. Les feuilles de tabac renferment un poison (nicotine) qui leur communique un parfum fort recherché des fumeurs. Les feuilles de tabac sont coupées et ensuite séchées à l'air libre; on en extrait alors une partie de la nicotine avant de le livrer aux consommateurs. On le fume sous forme de cigares, de cigarettes ou dans des pipes. Réduit en

Fig. 234. — Pomme de terre. Fig. 235. — Tabac. Fig. 236. — Belladone.

poudre, il fait les délices des priseurs. Les marins le mâchent sous forme de « carottes ». — Le tabac agit sur le cerveau qu'il endolorit; il fait surtout perdre la mémoire et produit une sorte de somnolence qui devient un besoin chez les fumeurs.

Il est à remarquer que l'usage du tabac porte à rechercher les boissons alcooliques.

3° *Tomate*. — La tomate est cultivée pour ses fruits dont on fait d'excellentes sauces. Elle mûrit assez difficilement dans la région du Nord; on lui fait atteindre sa complète maturité en la plaçant sous un châssis bien exposé au soleil.

4° *Belladone*. — La belladone (fig. 236) est une plante vénéneuse dont les baies noires ressemblent à celles du cassis. A la campagne, les jeunes garçons qui mangent ses fruits sont victimes d'accidents souvent mortels.

La stramoine, la jusquiame sont également vénéneuses.

On mange les fruits de l'aubergine.

RÉSUMÉ

Les principales **solanées** *sont la* **pomme de terre**, *le* **tabac**, *la* **tomate**, *la* **belladone**. *La pomme de terre, dont on mange les tubercules, est appelée le pain du pauvre.*

Le **tabac**, *originaire d'Amérique, contient un poison violent, la nicotine. On consomme le tabac sous forme de cigares, de cigarettes ou on le brûle dans une pipe. Les marins le mâchent. L'usage du tabac alourdit le cerveau, fait perdre la mémoire et conduit à l'usage des boissons alcooliques.*

La **tomate** *est employée à faire des sauces; la* **belladone** *a des fruits vénéneux qui ressemblent à ceux du cassis.*

QUATRIÈME LEÇON

Les rosacées.

I. **Caractères des rosacées.** — Chez les rosacées (*poirier*, *cerisier*, *fraisier*, etc)., la fleur (fig. 237) a un calice formé de cinq sépales; la corolle comprend cinq pétales libres entre eux; les étamines sont nombreuses et attachées sur le calice; le fruit diffère suivant les espèces.

Fig. 237.

II. **Principales rosacées.** — Les principales rosacées sont le poirier, le pommier, le cerisier, le prunier, l'amandier, l'abricotier, le fraisier, le pêcher, le sorbier et le rosier.

III. **Usages des rosacées.** *Poirier*, *pommier*. — Le poirier et le pommier donnent d'excellents fruits, sains et rafraîchissants. Avec la poire, on fait une boisson fermentée appelée *poiré*; en Normandie, on consomme une grande quantité de cidre fabriqué avec une pomme aigre, la pomme à cidre. — On fait aussi de la pâte de pommes qui entre dans la préparation de certains desserts.

Le bois du poirier est recherché par les sculpteurs; les ébénistes et les menuisiers en font de fort jolis meubles.

Cerisier, *prunier*. — Les cerisiers et les pruniers sont bien connus pour leurs fruits si goûtés de tous. On conserve les cerises dans l'alcool ; les prunes sont desséchées et empaquetées dans des caisses pour qu'elles puissent se conserver plus facilement.

Amandier. — L'amandier produit des amandes.

L'*Abricotier* n'est pas commun dans les départements septentrionaux. On mange l'abricot ou on en fait des confitures.

Le *Pêcher* est aussi rare dans la région du Nord; la pêche est un fruit délicat.

Fraisier. — Il se fait une grande consommation de fraises, surtout dans les villes. Les confitures de fraises ont une saveur plus agréable que celles de groseilles.

Sorbier. — Le sorbier produit des baies rouges que les grives recherchent avec avidité.

Rosier. — La rose fait l'ornement de nos jardins : c'est avec raison qu'on l'a appelée la reine des fleurs. On en extrait une essence qui coûte très cher.

RÉSUMÉ

Chez les **rosacées**, *le calice est formé de cinq sépales, la corolle de cinq pétales libres, les étamines sont nombreuses et attachées sur le calice.*

Les principales rosacées sont le pommier, le poirier, le pêcher, l'abricotier, le cerisier, le prunier, l'amandier qui tous produisent des fruits fort estimés.

Le sorbier, arbuste aux baies rouges recherchées par les grives, et le rosier sont aussi des rosacées.

CINQUIÈME LEÇON

Ombellifères.

I. **Caractères des ombellifères.** — Les fleurs des ombellifères sont ordinairement disposées en ombelles (fig. 238). Il y a cinq pétales libres et cinq étamines. Le fruit est sec.

II. **Principales ombellifères.** — Les principales ombellifères sont la carotte, le panais, le cerfeuil, le persil, l'anis, le fenouil, l'angélique.

III. Usages des ombellifères. — Les racines de la carotte et du panais sont employées dans l'alimentation de l'homme et des animaux.

Les fermières donnent de la couleur au beurre avec le jus de la carotte : c'est une falsification inoffensive.

Fig. 238. — Ombelle.

Le cerfeuil et le persil sont employés pour relever le goût des mets. Il faut bien prendre garde de confondre le cerfeuil avec la ciguë, plante vénéneuse des plus dangereuses. Broyée dans les mains, la ciguë produit une odeur désagréable.

L'anis, le fenouil et l'angélique renferment des essences employées en confiserie et dans la fabrication des liqueurs.

RÉSUMÉ

Les **ombellifères** *ont leurs fleurs disposées en ombelles.*

Ces fleurs ont cinq étamines et cinq pétales libres. Le fruit est sec.

On mange la racine de la carotte et du panais; le cerfeuil et le persil sont employés pour relever la saveur des mets.

L'anis, le fenouil, l'angélique servent en confiserie et pour la préparation de certaines liqueurs.

SIXIÈME LEÇON

Crucifères.

I. Caractères des crucifères. — Les crucifères sont ainsi appelées parce que les quatre pétales qui forment la corolle sont disposés en croix (fig. 239).

II. Principales crucifères. — Les principales crucifères sont le colza, la moutarde, le radis, le navet, le cresson, le chou, la chélidoine, la giroflée, etc.

III. Usages des crucifères. — Le colza est cultivé pour ses graines qui produisent une huile utilisée surtout pour l'éclairage. On cultive la moutarde pour l'enfouir en vert ou pour récolter ses graines dont on fabrique le condiment connu sous ce nom. On en fait des sinapismes.

Le radis et le navet sont alimentaires. Un remède fort simple contre la coqueluche des enfants consiste à faire macérer des tranches de navet avec du sucre candi. Le sirop que l'on obtient est un calmant pour la toux. On mange les feuilles du cresson en salade; on mange également les feuilles du chou que l'on a fait cuire. Les choux contiennent du phosphore qui entre dans la composition des os.

Fig. 239. — Crucifère.

Une certaine variété de chou appelée chou-fleur fournit des fleurs abondantes, comestibles. La chélidoine produit un suc jaunâtre, acide, qui détruit les verrues.

La giroflée est une plante d'ornement.

RÉSUMÉ

Les **crucifères** *sont ainsi appelées à cause de leur corolle, dont les quatre pétales sont disposés en croix.*

Les principales sont le colza, dont on fait l'huile d'éclairage; la moutarde, dont les graines entrent dans la composition du condiment de ce nom; les radis et le navet, dont les racines sont alimentaires; le chou, le cresson, dont on mange les feuilles. — Avec le suc jaune de la chélidoine, on détruit les verrues; la giroflée est cultivée pour ses fleurs.

SEPTIÈME LEÇON

Champignons.

I. Caractères des champignons. — Les champignons sont des végétaux chez lesquels on ne distingue ni racines, ni tige, ni feuilles, ni fleurs.

Ils sont dépourvus de la matière verte (chlorophylle), que l'on trouve dans les feuilles des autres végétaux; aussi ne peuvent-ils pas décomposer l'acide carbonique de l'air : ils sont parasites, c'est-à-dire qu'ils vivent aux dépens des autres végétaux.

La plupart des maladies des végétaux et bon nombre de maladies des animaux sont produites par des champignons parasites.

II. **Principaux champignons**. — Les principaux champignons sont les agarics, les chanterelles, les morilles, les truffes, la levûre de bière et les moisissures.

III. **Usages des champignons** : 1° *Agarics*. — Les agarics sont caractérisés par des lames ou feuillets disposés sous le chapeau comme les rayons d'une roue (fig. 240). Il en est de comestibles comme l'agaric champêtre ou champignon de couche, les mousserons, l'oronge vraie, etc., etc.; certaines espèces sont très vénéneuses, telle est la fausse-oronge.

Fig. 240. — Agaric champêtre.

Fig. 241. — Chanterelles.

Fig. 242. — Morille.

2° *Chanterelles*. — La chanterelle ou girole (fig. 241) est un champignon jaune, comestible, très commun en été dans les bois sablonneux. Son chapeau ressemble un peu à une coupe. Pour être bonnes à manger, les chanterelles doivent être cuites à très petit feu.

3° *Morilles*. — Le chapeau d'une morille (fig. 242) ressemble grossièrement à une petite éponge. Les morilles apparaissent dans les bois, dans les prés et parmi les gazons dans le courant de la première quinzaine d'avril. Toutes les espèces sont comestibles et constituent un mets délicieux.

4° *Truffes*. — Les truffes croissent dans les terrains sablonneux, à une profondeur de 8 à 10 centimètres, sous forme de tubercules charnus de la grosseur d'une noix ou d'un œuf, recouverts d'une peau chagrinée. Elles fournissent un aliment et un assaisonnement des plus recherchés. On les trouve surtout dans les bois de chênes et de châtaigniers du sud et de l'est de la France; on emploie les porcs pour les découvrir.

5° *Levûre de bière*. — La levûre de bière est un champignon qui se forme dans le moût de la bière en fermentation. Elle a l'apparence d'une écume épaisse et jaunâtre. Elle provoque la formation de l'alcool dans la bière. Elle est encore utilisée pour servir de levain dans la préparation du pain.

6° *Moisissures.* — Les moisissures sont des champignons qui se développent sur certains corps sous l'influence de l'humidité.

RÉSUMÉ

Les **champignons** *sont des végétaux chez lesquels on ne distingue ni racines, ni tige, ni feuilles, ni fleurs.*

Les champignons sont parasites. La plupart des maladies des animaux et des végétaux sont produites par des champignons parasites.

Les principaux champignons sont : les agarics, dont plusieurs espèces sont comestibles; les morilles et les truffes, très recherchées; la levûre de bière, qui provoque la formation de l'alcool dans la bière, et les moisissures.

TABLE DES MATIÈRES

OCTOBRE

NOVEMBRE

DÉCEMBRE

JANVIER

FÉVRIER

MARS

AVRIL

MAI

JUIN

Coulommiers. — Imp. PAUL BRODARD. — 535-1902.

Librairie CH. DELAGRAVE, 15, rue Soufflot, Paris.

Cartes murales NIOX

Tirées en 6 couleurs sur simili-japon indéchirable, bordées toile, avec baguette et œillets de suspension ($1^m \times 1^m,25$).

NOMENCLATURE DES CARTES PARUES

Les cartes précédées d'un astérisque (*) portent en bleu la même carte muette au verso.

1re SÉRIE

La carte . . . . 3 fr. 75

- * Ancien monde (Europe, Asie, Afrique).
- * Nouveau monde (Amérique, Océanie).
- * Europe physique.
- * Europe politique.
- * Asie.
- * Afrique.
- * Amérique du Nord.
- * Amérique du Sud.
- * France physique.
- * France politique.
- * Algérie et Tunisie.
- * Colonies françaises.
- Indo-Chine.
- Madagascar.

Les mêmes cartes avec carte muette au verso. . . . . 4 fr. 50

IIe SÉRIE

La carte . . . . 6 fr.

- Europe centrale.
- Méditerranée.
- Les Alpes.
- * Afrique du Nord.
- * France (Centre).
- * France (Nord).
- * France (Nord-Est).
- * France (Nord-Ouest).
- * France (Sud-Est).
- * France (Sud-Ouest).
- Le Levant.

Viennent de paraître :

- Cartes des chemins de fer.
- Carte de France économique.

Les mêmes cartes avec carte muette au verso. . . . . . 6 fr. 50

IIIe SÉRIE. — Cartes illustrées.

Une *édition des mêmes cartes* avec de *belles illustrations en couleurs* représentant les types et costumes des armées et des flottes des différents pays, dues à M. Bombled, est en cours de publication.

Chaque carte bordée toile avec œillets et baguette . . . . 6 fr. 75

Europe. Type des Armées russe, austro-hongroise, grecque, turque. — **France.** Armée française. — **France** (*Frontières du NORD et du MIDI*). Types des Armées anglaise, belge, hollandaise, espagnole. — **France** (*Frontières du NORD-EST*). Types de l'Armée allemande. — **France** (*Frontières des Alpes*). Troupes alpines, française et italienne. — **Algérie et Tunisie.** Types de l'Armée d'Algérie. — **Colonies.** Types des Troupes coloniales indigènes.

A B C Géographique en images. Les Termes géographiques (*La Mer, les Côtes, la Montagne, la Plaine*. Un tableau en couleurs ($1^m \times 1^m,25$). . 16 fr. 50
Au verso, 4 cartes reproduisant ces vues en projection.

www.ingramcontent.com/pod-product-compliance
Lightning Source LLC
Chambersburg PA
CBHW071913200326
41519CB00016B/4598

* 9 7 8 2 0 1 4 4 8 1 5 1 8 *